Wolfgang K. Eckelt

UNICORN BRANDING

DIE LEADERSHIP BRANDING FORMEL
FÜR MANAGER UND HIGH PERFORMER

Wolfgang K. Eckelt

UNICORN BRANDING

CREATE YOUR PERSONAL STAR BRAND

Coverdesign, Layout, Titel & Buchsatz
Initial Kommunikationsdesign, Ludwigsburg
www.initial-design.de

Printed in Germany
1. Auflage, Stuttgart 2021
ISBN 978-3-9820-5826-9 (Hardcover)
ISBN 978-3-9820-5827-6 (eBook)

www.eckelt-consultants.com
www.top-company-guide.com

FSC www.fsc.org
MIX
Papier aus verantwortungsvollen Quellen
FSC® C041280

Klimaneutral
Druckprodukt
ClimatePartner.com/12146-2104-1018

Am Anfang schaute ich mich um, konnte aber den Wagen, von dem ich träumte, nicht finden. Also beschloss ich, ihn mir selbst zu bauen.

Ferry Porsche

1

LEISTUNG

Was biete ich? Welche Zahlen und Fakten, Events und Awards stehen für meine Performance?

2

HALTUNG

Für welche Werte stehe ich? Welche meiner Engagements und Empfehlungen unterstreichen meine Haltung?

3

CHARISMA

Womit wirke ich? Welche meiner Eigenschaften und Leidenschaften lösen Resonanz aus?

4

MARKENSTIL

Wie stelle ich mich dar? Mit welchem Markenbild bleibe ich im Gedächtnis?

5

MARKENAUFTRITT

Wo zeige ich mich? Auf welchen professionellen, privaten und virtuellen Bühnen stelle ich mich dar?

6

MARKENKOMMUNIKATION

Worüber spreche ich? Mit welchen Inhalten und Stilmitteln mache ich meine Markenstory spannend?

7

ZIELPUBLIKUM

Wen spreche ich an? Welche aktuellen und gewünschten Kontakte möchte ich adressieren?

UNICORN
BRANDING

CREATE YOUR PERSONAL
STAR BRAND

DIE LEADERSHIP BRANDING FORMEL

Um erfolgreich zu sein, ringen immer mehr High Performer immer härter um Sichtbarkeit. Denn nur wer sichtbar ist, fällt auf, und nur wer auffällt, fällt im richtigen Moment dem relevanten Entscheider ein. Erfolg hat am Ende des Tages derjenige, der mit Leistung überzeugt, der mit einer starken Haltung beeindruckt und der mit all seinen Eigenschaften und Leidenschaften für ein Charisma steht, das durch nichts und niemanden kopierbar ist. Wem es gelingt, seine Persönlichkeit und seine Leadership-Performance mit dieser Trias – Leistung, Haltung und Charisma – in Verbindung zu bringen und auf den relevanten Bühnen zu zeigen, der wird mit seiner Karriere sichtbar erfolgreich.

Hier ein erster Überblick für Ihren Weg zu Ihrem persönlichen Branding. Ein Branding, mit dem Sie in der Masse der grauen Organization Men endlich auffallen – und sich den entscheidenden Karrierevorsprung sichern.

1. LEISTUNG

Kern Ihrer Unicorn Brand ist nicht Ihre Social-Media-Strategie, sondern Ihr Leistungsversprechen. Welchen Nutzen bringen Sie für andere? Wie lässt sich Ihre Performance in einem Satz zum Ausdruck bringen? Welche Ihrer persönlichen Erfolgsgeschichten unterstreichen Ihr Können und welche Rolle spielen Sie darin? Und mit welchen Fakten, Awards und Events lässt sich Ihre Leistung in Ihrem Netzwerk sichtbar machen?

Sie möchten mehr dazu wissen? Erläutere ich Ihnen in Kapitel V, ab Seite 97.

2. HALTUNG

Der wichtigste Fit findet auf der Werteebene statt. Das gilt für die Beziehungen innerhalb Ihres Unternehmens genauso wie für Ihre Kundenbeziehungen. Für welche Werte stehen Sie ein? Wen oder was möchten Sie innerhalb Ihres Netzwerks empfehlen, um Ihre Mission voranzubringen? Mit welchen markenrelevanten Entscheidungen und Aktionen zeigen Sie Ihr konkretes Engagement für Ihre Werte?

Noch keine Idee? Dann seien Sie gespannt auf Kapitel V, ab Seite 97.

3. CHARISMA

Je krisengeschüttelter die Wirtschaft, desto mehr rücken charismatische Persönlichkeiten in den Fokus, von denen man sich neue Perspektiven erhofft, neue Auswege, neue Anfänge. Wie zeigt sich Ihr Charisma? Auf welchen persönlichen Eigenschaften gründet Ihr Charisma? Mit welchen privaten Leidenschaften – z. B. Marathon, Motorsport, Musik – lösen Sie Resonanz aus?

Spannender Aspekt? Wir kommen dazu in Kapitel V, ab Seite 97.

4. MARKENSTIL

Jede Marke braucht ein Bild. Mit welchem Bild bleiben Sie bei Ihrem Gegenüber im Gedächtnis? Fällt Ihre Kleidung besonders auf oder erinnert man Sie gerade wegen Ihres perfekt unauffälligen Stils? Und wenn Sie sich via Zoom, LinkedIn oder auf einer realen Bühne zeigen: Wirkt Ihr Gesicht wie ein markantes Logo? Pflegen Sie eine bestimmte Körpersprache? **Und bleibt Ihr Name seiner markanten Kürze oder Länge wegen in Erinnerung? Mehr dazu in Kapitel VI, ab Seite 129.**

5. MARKENAUFTRITT

Marken leben von Sichtbarkeit – Marken brauchen Bühnen. Welche sind die relevanten Bühnen, die Sie im Job und im Privatleben bespielen? Auf welchen professionellen Bühnen – Konferenzen, Podiumsdiskussionen, Podcasts – könnten Sie sich noch sehen oder hören lassen? Bespielen Sie Ihre privaten Bühnen – Kamin, Grill, Boot – bereits souverän?
Sie fragen sich, ob Sie sich in Ihrer Position mit Social Media befassen sollten – oder auf gar keinen Fall? Entscheidungshilfen finden Sie in Kapitel VII, ab Seite 147.

6. MARKENKOMMUNIKATION

Marketing ist Kommunikation. Welche Inhalte – Erfahrungen, Erfolge, Einblicke – bringen Ihren Markenkern auf den Punkt? Wie machen Sie Ihre Markengeschichten mit Storytelling für Ihre Kunden spannend?
Und welche humorvollen Elemente können Ihrer Markenkommunikation die notwendige Aufmerksamkeit, vor allem aber die lebenswichtige Lässigkeit verleihen? Anregungen dazu in Kapitel VIII, ab Seite 167.

7. ZIELPUBLIKUM

Marken brauchen Resonanz. Also Publikum. Für welches Zielpublikum sind Sie bereits sichtbar? Sind es nur Freunde, Familie und Kollegen? Welche Kunden, Geschäftspartner und Mitbewerber wollen Sie im nächsten Schritt erreichen?
Und welches Zielpublikum – Headhunter, Influencer, Journalisten – wünschen Sie sich insgeheim schon lange? Mehr zu den richtigen Zielpublika in Kapitel IX, ab Seite 185.

INHALT

VORWORT

»Dat is wie inne Wuuurstbude!« ist mein Kommentar in einer Talkrunde zum Thema Auto-Zulieferindustrie. Kurze Schockstarre im Saal. Ist mir da etwas herausgerutscht, das nicht auf diese Bühne gehört? Im Gegenteil. Zwar verraten gewisse Vokalverlängerungen meine Herkunft und es mag durchaus sein, dass mir, dem Veranstalter besagter Talkrunde, auch nach Dekaden der Zusammenarbeit mit den illustren Namen der Automobilindustrie ein Quäntchen Ruhrpottdreck unter den Sohlen klebt. Aber das macht mich aus. Die Wurstbude war kalkuliert.

Meine Personal Brand ist tatsächlich ein Crossover zwischen Prada- und Pommestüte. Man kann eine solche Marke nicht erfinden, man kann sie nur finden. Einmal gefunden und richtig weitergespielt, führt sie fast zwangsläufig zum Erfolg. Warum?

Das Crossover zwischen Prada und Pommes ist die unverwechselbare Schnittstelle zwischen Eckelt und Ihnen. Sie spüren meinen Markenstil auf der einen Seite an der ungeschminkten Art, wie ich mit Ihnen spreche und schreibe, und auf der anderen Seite an der Art meiner Outfits, meiner Publikationen, meiner Bühnen: tadellos, hochglänzend, exklusiv.

Doch dieser *Markenstil* allein bringt Ihnen nichts. Womit ich für Sie als Senior High Potentials einen Unterschied mache, ist das, was man meinen *Markenkern* nennen kann: Mein wohlsortiertes Netzwerk innerhalb der deutschen Hightech-Industrie, insbesondere Automotive, in dem ich Ihre Reputation sichtbar mache – das ist die *Leistung* von Eckelt. Meine professionelle Diskretion und die Ihnen bekannte Bullshit-Nulltoleranz – das ist die *Haltung* von Eckelt. Meine Leidenschaft für treffsichere Kandidatenplatzierung, für inspirierende Gespräche, für exklusive Autos und provokative Kunst – das alles trägt bei zu meinem Markenbild. Wenn wir im Laufe dieses Buches Ihre Eigenschaften und Leidenschaften unter die Lupe nehmen, werde ich diesen Aspekt als Ihr *Charisma* bezeichnen.

Zweitens mache ich mit meinen *Markenbühnen* einen Unterschied für Sie: Mit meinem Business-Magazin »Top Company Guide« und meinem jährlichen »Eckelt Consultants Business Talk« in Stuttgart biete ich mit meiner Marke branchenrelevante Bühnen für Ihre Unternehmensmarken – und mit meinen Porträts, Talkrunden oder Social-Media-Bühnen auf LinkedIn und top-company-guide.com auch für Sie selbst. Für Ihre Personal Brands.

Markenkern, Markenstil, Markenbühnen – damit haben Sie die Eckpunkte Ihrer Personal Brand bereits kennengelernt. Und Sie sehen gleich: Mein Konzept unterscheidet sich in vielen Punkten von Konzepten für Personenmarken, die Sie andernorts vielleicht kennengelernt haben. »Am Anfang schaute ich mich um, konnte aber den Wagen, von dem ich träumte, nicht finden. Also beschloss ich, ihn mir selbst zu bauen.« Mit diesen Worten von Ferdinand Anton Ernst Porsche, genannt Ferry, begann der Bau von Sportwagen unter dem Markennamen Porsche. Und mit dieser Motivation ist auch dieses Buch entstanden. Jahrelang habe ich mit dem Thema Personal Branding gearbeitet, jahrelang habe ich erprobte und brauchbare Ansätze für meine Beratungspraxis gesucht – und jahrelang habe ich keine Branding-Modelle gefunden, die dieses erfolgskritische Thema ganzheitlich denken.

Was ich stattdessen gefunden habe? Eine ganze Riege von Branding-Glücksrittern und »Heidi Klums« für Manager, die mit dubiosen Methoden versprechen, quasi jeden ihrer Kunden über Nacht in einen Social-Media-Superstar verwandeln zu können, wenn, ja wenn er nur sein Personal Branding für teures Geld in ihre Hand legt. In keiner Staffel »Germany's Next Topmodel« fehlt die tränenreiche Folge, in der den Anwärterinnen ihre gewohnte Frisur umgetrimmt und ihnen damit ein Teil ihrer Identität genommen wird. Damit Heidi ihnen eine neue, eine bessere verpasst. So in etwa stellen sich sicher nicht alle, aber doch etliche der selbstberufenen Egomarkenprofis das Thema Personal Branding vor. Und? Wird so Ihre Karriere zum Selbstläufer? Mitnichten. Mehr als eine Fake-Identität bekommen Sie so wohl nicht.

Wenn Sie mich fragen: Die Lage ist haarsträubend. Die Personal-Branding-Branche gleicht derzeit einem Märchenwald, in dem unglaubliche Dinge möglich werden und hinter jedem siebten Baum ein Happy End zu warten scheint. Als ich in diesen Gefilden recherchierte, fühlte ich mich schon selbst fast wie ein Fabelwesen – allerdings eines von einem anderen Stern. Weil das, was hier versprochen wird, in der mir bekannten Business-Welt keine Gültigkeit hat.

Ich suchte also weiter nach einem Branding-Modell, das die Kultur Ihrer Branchen und Unternehmen mitdenkt, das die Herausforderungen Ihrer Karriere einbezieht, Ihre persönliche Leadership-Perspektive und Ihre messbare Performance integriert. Ich meine, ein solches Modell gefunden zu haben. Allerdings nicht im oben beschriebenen Fabelwesenwald. Sondern mit einer erweiterten Perspektive auf Ergebnisse aus der aktuellen, wissenschaftlichen Forschung und aus meiner Praxis.

Dabei profitiere ich von meiner doppelten Expertise: Zum einen verfüge ich über mehr als 25 Jahre Praxiserfahrung in Executive Search, Executive Advisory und Executive Coaching – mit der oft unterschätzten Macht sichtbarer Personenmarken in High-Performer-Biografien und bei unternehmensinternen Personalentscheidungen bin ich bestens vertraut. Zum anderen biete ich als Experte für Employer Branding in der Automobilindustrie und weit darüber hinaus Hunderten von Unternehmen und Einzelpersonen meine eigenen Bühnen an: das Business-Magazin »Top Company Guide« genauso wie das exklusive Branchentreffen »Eckelt Consultants Business Talk«.

Es ist diese Expertise, die mich von reinen Experten für Markenpositionierung oder für Social-Media-Kommunikation fundamental unterscheidet – und die mich zu einer anderen Konzeption des Personal Brandings geführt hat. Ein Konzept, das exakt zugeschnitten ist auf Ihre Branche, auf Ihre Bedürfnisse. Und das auch auf meinen persönlichen Erfahrungen gründet.

Ich nenne es »Unicorn Branding« in Anlehnung an die hocherfolgreichen »Unicorn«-Start-ups, die sich in der Wirtschaftswelt nicht nur Aufmerksamkeit via Leistung verschaffen, sondern deren Leistung direkt vom Maß der Aufmerksamkeit abhängig ist, die sie in der Wirtschaftswelt auf sich ziehen. Wir werden die Sache mit dem Märchenwald also nicht ganz los. Im Unterschied zu den oben beschriebenen Branding-Zauberfee-Versprechungen geht es in diesem Buch aber nicht um eine von Social Media befeuerte Fantasiewelt, sondern um Ihr ganz reales Business irgendwo zwischen Autoteststrecke, Rechenzentrum und Homeoffice. Mit Glamour hat das oft nicht viel zu tun. Auch bei mir nicht.

Sie haben meine Biografie lange vor der »Wurstbude« kennengelernt: Meinen Aufstieg aus dem fusseligen Pulloverkeller eines Dortmunder Herrenausstatters hatte ich Ihnen in »High Performance: Die geheimen Karriere-Strategien für den Weg an die Spitze« beschrieben (FAZ Buch 2017).

Was Sie noch nicht wissen: Seit ich diese beiden Seiten – Automotive-Glam hier, Fusseln und Currywurst da – in mein Personal Branding integriert habe, läuft mein Business noch erfolgreicher. Der Grund ist einfach: Wenn ich unverstellt auftrete, tun meine Gesprächspartner das auch. Industriekunden und Coachingklienten begegnen mir offener, entspannter und authentischer. Manch einer bröselt mir den eigenen Schuhsohlendreck seiner Vergangenheit auf den Teppich.

Nach dieser Entwicklung meiner Personal Brand fragte ich mich: Was heißt das für meine Arbeit mit Ihnen? Könnten auch Sie mit einer Personal Brand noch erfolgreicher sein, wenn die erste Karriere ins Stocken geraten ist oder die zweite Karriere schleppend anläuft? Ich sage: Ja. Sie können sehr viel erfolgreicher sein mit einer Marke,

- die auf das aufbaut, was Sie tatsächlich sind
- die auf dem aufsetzt, was Sie wirklich können
- die also das nimmt, was schon da ist, es nur sehr viel besser auf den Punkt bringt. Damit Ihre Personal Brand so einzigartig scheint wie ein … Unicorn.

Wirtschaftserfolg wird von Unicorns gemacht

Steve Jobs, Oprah Winfrey, Richard Branson, Sheryl Sandberg, Elon Musk und viele andere führende Figuren vor allem des US-amerikanischen Wirtschaftstheaters haben sich längst zu Fabelwesen stilisiert. Es brauchte und braucht nur etwas Konferenzglitzer hier, ein wenig Twittermagie dort – und schon schießen die Aktienkurse der Unternehmen, denen sie gerade ihr Einhorn aufgesetzt haben, in den Orbit.

Zu solch magischem Glanz bringen es in Deutschland operierende Manager nicht. Vielleicht noch nicht. Immerhin: In seiner Zeit als CEO hatte sich Daimler-Topmanager Dieter Zetsche ausgesprochen erfolgreich in »Dr. Z« mit Schnauzer, Sneaker und krawattenbefreitem Hemd verwandelt und damit als Vorreiter in Sachen Selbst-Unicornisierung etabliert.

Zehn Jahre ist das her. Heute legt Adidas-CEO Kasper Rorsted, Manager des Jahres und schnellster Unternehmensoptimierer überhaupt, im blauen Kapuzenpullover nach. Bill McDermott glänzte lange als SAP-Einhorn mit Sonnenbrille (wobei diese Brille weniger eine modische Extravaganz darstellt, sondern einen tragischen Unfall verdeckt – dennoch: ein besonderes Kennzeichen). Weibliche Unicorns werden seltener in freier Business-Wildbahn gesichtet, doch es gibt auch sie: Janina Kugel (BCG), Tina Müller (Douglas), Sigrid Nikutta (DB Cargo).

Nun gut: Rorsted ist Däne, McDermott ist Amerikaner, dennoch hat mit ihnen auch Deutschland seine CEO-Unicorns. In guten Zeiten überstrahlt deren Glam die jeweilige Firma so weit, dass es heißt: Der CEO ist das Unternehmen. Umgekehrt: Ohne CEO-Unicorn ist das Unternehmen kopflos. Gesichtslos. Scheintot, bis es sich ein neues Spitzeneinhorn aufgesetzt hat. Mit dem es sich dann rundum »neu erfinden muss«. Der jüngste Machtwechsel an der Spitze der US-Mobilfunktochter der Deutschen Telekom, T-Mobile US Inc., zeigt die damit verbundenen Herausforderungen: Die auf Kampfexzentriker John Legere ausgerichtete Bühne muss für den deutlich zurückhaltender spielenden Nachfolger Mike Sievert praktisch neu gebaut werden.

Die Unicornisierung der Wirtschaftsbosse ist nicht weniger als ein Kulturbruch. Seit dem Niedergang der Aristokratie und dem Aufstieg des bürgerlichen »Organization Man« hieß Karriere: radikale Anpassung an die Regeln der Institution. Sich im dunklen Herrenanzug einordnen in das homogene Kollektiv der High Performer. Soweit die Regeln der 1950er-Jahre, nach denen mancherorts noch immer gespielt wird.

Doch die Form schwindet dahin. Turnschuhe, Jeans, T-Shirts, Karohemden und das Jogginghosenäquivalent für den Oberkörper – das Stretch-Jackett – verdrängen gestärkte Hemdkragen, seidene Krawatten, teure Maßanzüge und Budapester. Zigarre plus Cognac verlieren ihre Statusmarker-Rolle an die Marathonstrecke. Heute gilt als Vorbild an der Unternehmensspitze nicht mehr zwingend der »kultivierte Herr«, sondern immer häufiger der testosteronschwangere Männerglitzertyp: in grellfarbigem Funktionshemd (John Legere, Ex T-Mobile US), mit grenzrationalen Geschäftsideen (Elon Musk, Projekt Marsbesiedelung) oder verhaltensauffälligen Umgangsformen (Donald Trump, »You're fired!«).

Dabei hat sich die Reputation des Unicorns an der Unternehmensspitze in jüngster Zeit abgekoppelt von der Reputation des Unternehmens selbst. Heute wandern Spitzen-Einhörner ähnlich wie Spitzen-Fußballer von Organisation zu Organisation, um einmal hier und einmal dort ihren Glanz zu verbreiten. Diesen Glanz lassen Sie sich ordentlich bezahlen. Zum Vergleich: Während Timotheus Höttges 2016 ein für hiesige Verhältnisse ordentliches Jahresgehalt von 4,3 Millionen Euro verdiente, ging der zwar formell untergebene, einhorntechnisch aber sehr viel glamouröser aufgestellte John Legere mit dem vierfachen Gehalt nach Hause: 20,1 Millionen Dollar (Werner/Wendel 2019).

Der Mensch als Marke? Wirklich?

Das Thema CEO-Unicorns ist eigentlich ein alter Hut. Schon 1997 hatte der US-amerikanische Unternehmensberater Tom Peters in seinem Essay »The Brand Called You« das Fass mit dem Etikett Personal Branding aufgemacht. Vielleicht sollte man statt »Fass« sagen: die Büchse der Pandora. Die Sache roch nämlich gleich nach lukrativem Geschäftsmodell. Nahtlos erschienen in Deutschland denn auch die »Die ICH-Marke« (Greisinger 1999), »Marke-Ich« (Seidl/Beutelmayer 1999), ein wenig moderner kam die »Die ICH-Aktie« daher (Lanthaler/Zugmann 2000). Seitdem schwillt die Flut der Ego-Branding-Literatur und bringt unzählige Titel unterschiedlicher bis unterirdischer Qualität hervor. Einige kommen marktschreierisch daher, andere langweilig, wieder andere esoterisch (»Die magische Kraft der Beachtung«, Tarr Krüger 2001).

Viele gehen einem grundsätzlichen Missverständnis auf den Leim. Es stimmt zwar, dass Selbstmarketing in einer Zeit mit vielen Bewerbern, dicht bespielten Social-Media-Kanälen und wenigen interessanten

Vakanzen nicht nur eine Möglichkeit ist, sondern eine Notwendigkeit. Was aber nicht stimmt, ist die Schlussfolgerung, dass der Mensch eine Cola-Dose sei. Oder ein Auto. Kein Kandidat ist ein Designersessel, den man nur richtig positionieren muss, um ihn lukrativ zu verkaufen.

Und trotzdem muss er sich inszenieren – medial mit Text und Bild, real mit Reden und Handeln –, um überhaupt wahrgenommen zu werden. Das ist das Spannungsfeld, mit dem wir es in diesem Buch zu tun haben. Ich überdrehe absichtlich:

Unicorn Branding ist die fabelhafte Inszenierung Ihrer Leistung, Ihrer Haltung und Ihres Charismas zum Zwecke der besseren Vermarktung Ihrer Arbeitskraft. Eine Zumutung. Einerseits. Und andererseits eine spannende Herausforderung, die Ihnen Erfolge bescheren kann, mit denen Sie niemals gerechnet hätten.

Wie bringt man die Notwendigkeit (Sie müssen sich erfolgreich selbst verkaufen) jetzt mit der Unmöglichkeit (Sie sind keine Cola-Dose) zusammen? Exakt so, dass Sie einen konkreten Nutzen daraus ziehen? Und hoffentlich so, dass Sie fortan nicht als Ihr eigener Paparazzo die Kamera ständig im Anschlag haben müssen, auf der Suche nach dem Next Best Selfie? Wie geht das?

Das haben schon viele zu erklären versucht. Der Markt ist voll von Ratgeberbüchern und Dienstleistungsangeboten zum Thema Personal Branding. Aber solche, die sich auf die Zielgruppe der High Performer beziehen, sind rar. Und wenn nach handfesten Ratschlägen und erprobten Empfehlungen für diese Zielgruppe am Arbeitsmarkt gesucht wird: Fehlanzeige.

Weil Personenmarken mit Marketing zu tun haben, äußern sich insbesondere Markenspezialisten zum Thema Personal Branding. So weit, so logisch. Nur: Deren Wissen ist nicht anschlussfähig an die geschriebenen und ungeschriebenen Regeln der Automotive-, Hightech-, Engineering- und angrenzenden Branchen. Es ist nicht anschlussfähig an den üblichen Habitus der Konzerne, der Mittelständler und der Start-ups. An dieser Stelle ist Expertise im Personal- und Karrieremanagement gefragt, außerdem Führungswissen und Branchenkenntnis. Sie kennen mich als Experten für genau diese Themen:

- Executive Search
- Outplacement
- Newplacement und Inverses Headhunting
- Executive Advisory
- Career Counseling mit besonderem Fokus auf Chancenchecks und Entwürfe einer zweiten Karriere für (Senior) High Performer (»Second Career«)
- Executive Leadership Coaching
- Branding (Corporate Branding, Employer Branding, Personal Branding)

In meinen Büchern habe ich bereits relevante Aspekte davon niedergeschrieben und meine jahrelange Expertise mit vielen Interessierten geteilt: »Kandidaten lesen« (2015) fokussiert Personalrekrutierung und -auswahl, »High Performance« (2017) ist ein Karriereratgeber für High Performer und »Second Career« (2020) greift die Herausforderungen von High Performern auf, die freiwillig oder unfreiwillig vor der Gestaltung eines beruflichen Neustarts in der Lebensmitte stehen. Zu diesem Dreiklang gesellt sich nun dieses Buch zum Thema Personal Branding. Es richtet sich an

- CEOs, Topmanager, Business Leader und Unternehmer in einer (gefestigten) Position. Für Sie ist Personal Branding ein absolutes Muss. Eine höhere Sichtbarkeit führt zu individuellen Vorteilen: höhere Bezahlung, bessere Karriere- und Verhandlungschancen in dieser und in kommenden Positionen. Darüber hinaus gibt es messbar positive Effekte einer starken Personenmarke auf den wirtschaftlichen Erfolg Ihres Unternehmens.

- (Senior) High Performer in der Kandidaten-Rolle. Ganz gleich, ob Sie Ihre Position freiwillig oder unfreiwillig verlassen (haben): Ihnen hilft eine starke Personenmarke beim Finden der nächsten Position oder beim Schritt in die Selbstständigkeit.

- (Junior) High Performer, die vor dem nächsten Karriereschritt in das Topmanagement stehen.

Meiner Einschätzung nach sind die meisten der zahllosen Beratungs- und Dienstleistungsangebote zum Thema Personal Branding eindimensional, weil ausschließlich auf die Aspekte Marke, Reputation und Kommunikation bezogen. Aufgrund des fehlenden ganzheitlichen Ansatzes können derartige »Hilfestellungen« für Sie nicht hilfreich sein, sie können nicht erfolgreich sein und sind schlimmstenfalls sogar schädlich. Aus diesem Grund möchte ich für Sie mit diesem Buch eine Lücke schließen. Ich bin überzeugt: Für Sie als CEO, als Topmanager, als Business Leader und High Performer muss ein nachhaltig erfolgreicher Beratungsansatz ganzheitlich sein und folgende Dimensionen umfassen:

1. **Leadership & Management:** Reflexion und Entwicklung Ihrer Leistung, Ihrer Haltung und Ihres Charismas entlang Ihrer üblichen und möglicherweise unüblichen Führungsstrategien und Managementmethoden. Siehe dazu meine Coachingangebote – zu diesem Thema ist außerdem ein Buch in Vorbereitung.

2. **Personality & Attitude:** Reflexion und Entwicklung von Haltung und Charisma als Grundlage Ihrer authentischen Personenmarke. Siehe zu diesem Thema dieses Buch, insbesondere aber auch meine individuellen Coachingangebote.

3. **Karrierestrategien & Karrierelogiken:** geschriebene und ungeschriebene Erfolgsgesetze Ihrer Branche, Macht- und Entscheidungsstrukturen, Unternehmenskulturen. Siehe dazu meine Bücher »Kandidaten lesen«, »High Performance« und »Second Career« sowie meine Coachingangebote.

4. **Reputation:** Imageaufbau, Markenmanagement und Kommunikationsstrategien für mehr Sichtbarkeit in Ihrem Unternehmen und in Ihrer Branche. Siehe dazu dieses Buch und meine Coachingangebote.

Die konzeptionelle Berücksichtigung aller dieser Dimensionen macht den Unterschied zwischen dem hier vorgestellten Modell »Unicorn Branding« und den vielen am Markt befindlichen Angeboten, die sich nur darauf konzentrieren, Sie – salopp gesagt – als Charakterkopf im Netz zu vermarkten. Ohne jegliche Integration der Leadership-Perspektive, ohne Kenntnis spezifischer Branchenkarrieren, spezifischer Branchenentwicklungen im Hinblick auf Marktstrategien, Führungs-,

Management- und Unternehmenskulturen und ohne Verbindung zu dem, was Sie in der Tiefe als Persönlichkeit ausmacht.

Als Headhunter, Executive Coach sowie Personal- und Digitalisierungsexperte habe ich Hunderte von Karrieren begründet, beflügelt und gerettet. Fakt ist: Nicht nur Talent, Glück und Engagement entscheiden darüber, ob jemand einen Traumjob bekommt, ob große Karrieren gelingen oder ob jemand im Karrierestau stecken bleibt. Auf diesem Weg ist die richtige Strategie entscheidend. Dafür bedarf es genauer Kenntnis der geltenden Regeln, der Entwicklungschancen und Fallstricke in allen genannten Dimensionen. Weil heute auf jeglichen Bühnen um Aufmerksamkeit gerungen wird wie nie zuvor, gilt Folgendes wie nie zuvor: Es bedarf eines mehrdimensionalen Personal Brandings, das Leadership, Persönlichkeit, Karriere und Reputation umfasst. Und das damit sehr viel mehr ist als ein simpler Markenaufkleber.

Wenn das gelingt, wird eine starke Personenmarke in volatilen Zeiten wie diesen zur »Lebensversicherung«. Mit dieser Versicherung in der Hinterhand spielen Sie in der nächsten Umbruchsituation nicht die Rolle des verzweifelten Jobsuchers, sondern die eines begehrten Topspielers aus dem Unicorn Club.

»Welcome to the Unicorn Club«

Eigentlich ist die Sache mit dem Einhorn ein Missverständnis, losgetreten durch einen Übersetzungsfehler in der Bibel. Nun: Viele Erfolge gründen auf Fehlern (Penicillin, Post-it's, Kaiserschmarrn), so eben auch der Erfolg des Einhorns, das ursprünglich wohl nichts anderes war als ein Nashorn.

Wie auch immer: Heute gilt das Einhorn als edelstes aller Fabeltiere. Es steht für das Gute, es hat magische Kräfte, es ist schnell, es lässt sich nur von Jungfrauen fangen – und jeder will es haben.

Dieser Merkmalmix war es wohl, der das Einhorn anschlussfähig gemacht hat an die fantastische Welt der Gründerwesen. Dort ist das »Unicorn« ein feststehender Begriff und meint Start-ups mit einer Marktbewertung von mehr als einer Milliarde US-Dollar vor ihrem

Börsengang oder dem geplanten Ausstieg ihrer Kapitalgeber. Aileen Lee hatte das Unicorn in ihrem Artikel »Welcome To The Unicorn Club: Learning From Billion-Dollar Startups« im Jahr 2013 ins Spiel gebracht. Ihr zufolge tauchen regelmäßig sogar Super-Unicorns mit einem Wert von mehr als 100 Milliarden Dollar auf – Facebook war eines davon (Lee 2013).

Laut World Economic Forum (Desjardins Group 2019) waren die wertvollsten Unicorns der Welt im Jahr 2019 ByteDance (75 Mrd. US-Dollar), Uber (72), Didi Chuxing (56), WeWork (47), Juul Labs (38), Airbnb (29), Stripe (23), SpaceX (19), Epic Games (15) und Grab (14). Man muss nicht besonders gut informiert sein, um gehört zu haben, dass den meisten dieser Firmen geradezu magische Fähigkeiten nachgesagt werden: Disruption der Mobilität (Uber) respektive des Tourismus (Airbnb), fabelhafte Fähigkeiten im Kampf um die Aufmerksamkeit der Jugend (ByteDance) respektive der Gamer (Epic Games), Transformation der Arbeitswelt (WeWork) bis hin zur Besiedelung des Planeten Mars (SpaceX). Das ist die eine Seite.

Die andere Seite sind volatile Aktienkurse, Skandale um das Spitzenpersonal und ein globalpolitisches Zerren zwischen den USA und China. Ein Zerren um die Unicorn-Unternehmen selbst, aber – und darum geht es in diesem Buch – auch um die Unicorn-CEOs an ihrer Spitze. So war zum Beispiel der US-Amerikaner Kevin Mayer, zuvor verantwortlich für Disneys Streamingdienste, nach nur drei Monaten als Chef der chinesischen Videoplattform TikTok zurückgetreten und wurde dann ersetzt durch den Deutschen Tobias Henning, zuvor ein führender Kopf bei Axel Springer. Das zeigt: Wenn sich USA und China streiten, freut sich auch mal ein deutsches Einhorn. Jedenfalls dann, wenn es daran gedacht hat, sich rechtzeitig sichtbar zu machen.

Unicorns ... Man verehrt sie, man sucht sie, manchmal fürchtet man sie. Wobei mit »man« die Vertreter einer Wirtschaft gemeint sind, die zunehmend den Anschluss verliert: verschnarchte Hotelketten, manipulierte Verbrennermotoren, veraltete Bürotürme ... hier geht eine Ära zu Ende. Und damit auch die Ära einer nicht mehr zeitgemäßen Generation von Senior High Performern.

Etliche Vertreter dieser Generation verschwinden samt Abfindung [ich schreibe nicht »Abwrackprämie«] in der Versenkung. Andere wollen es noch einmal wissen. Nur will die Wirtschaftswelt nichts mehr von ihnen wissen. Weil sie zu wenig innovativ scheinen, zu farblos, zu inkompetent in allem, was nach Zukunft riecht. Nicht, dass ich Sie damit meinte. Aber möglicherweise kommen Sie – durch die Brille der Mitglieder des Unicorn Clubs betrachtet – so rüber. Und daran können Sie etwas ändern.

Deshalb geht es in diesem Buch um Ihre Personal Unicorn Brand. Ich möchte Ihnen zeigen,

- wie das aktuelle Business-Ego-Theater tickt [Kapitel I und II],
- was Unicorn Branding ist und wie es funktioniert [III und IV]
- welche Zutaten Ihren Markenkern ausmachen [V]
- was unter einem Markenstil zu verstehen ist [VI]
- welche Markenbühnen Sie bespielen können und sollten [VII und VIII]
- warum Ihr Netzwerk als Teil Ihrer Marke zu verstehen ist und wie Sie es pflegen und erweitern [IX]
- welche Risiken und Nebenwirkungen mit Personal Branding verbunden sein können [XI]
- und warum Sie den Blick von außen brauchen, um ein Personal Branding zu entwickeln, das nicht nur für Sie stimmig ist, sondern auch am Markt erfolgreich [XII]

Denn »Unicorn« hin oder her – letztendlich haben Sie es in den Tech-Branchen immer noch mit Weltklasse-Champions zu tun. Und nicht mit Wurstbuden.

Eine inspirierende Lektüre und viel Erfolg mit Ihrer persönlichen Unicorn Brand wünscht Ihnen

Dr. Wolfgang K. Eckelt

PS: Sie haben Fragen über das Buch hinaus? Oder Sie interessieren sich für mein Dienstleistungsportfolio? Kontaktieren Sie mich: info@eckelt-consultants.de

Hinweis: Wenn bei bestimmten Begriffen, die sich auf Personengruppen beziehen, im Text nur die männliche Form gewählt wurde, so ist dies als generisches Maskulinum zu verstehen und nicht geschlechtsspezifisch gemeint, es sind jeweils alle Geschlechter eingeschlossen.

I.

WILLKOMMEN IM EGO-THEATER

Der Unterschied zwischen einem gut ausgeleuchteten LinkedIn-Porträt und dem realen Gesicht eines Klienten kann groß sein. So groß, dass ich mir an diesem Morgen nicht sicher war, ob es sich bei der Gestalt vor meiner Tür um meinen Coachingkunden handelte oder um den Paketboten. Es war mein Kunde. Ich wusste, dass er auf die Karriere eines Hochkaräters zurückblickte. Ich wusste, dass er in seinen besten Zeiten so etwas wie Glam hatte. Was ich jetzt vor mir sah, war etwas ganz anderes. Steigen wir in das Thema Personal Branding ein mit dem Musterbeispiel eines Mannes, der – Sie verzeihen mir meine Überspitzung – alles falsch gemacht hat, was man in Sachen Personal Branding falsch machen kann.

Der Rauswurf war absehbar: Zwar hatte der CEO gut 15 Jahre lang einen herausragenden Job gemacht. Hatte die Konzernstrategie auf den Kopf gestellt, den Unternehmenswert fast verfünffacht, galt als Vorzeigechef. Doch irgendwann lüftet ein Konzern dann doch mal durch, gerne im Frühjahr. Der CEO nahm seinen Hut. Und realisierte erst nach sechs Monaten, was er schon vor Jahren hätte aufbauen müssen: sich selbst. Als Personenmarke. Neudeutsch »Personal Brand«.

Die Liste der überlebenssichernden Maßnahmen in eigener Sache, die er nicht erledigt hatte, liest sich endlos: Er hatte keine Idee, was exakt ihn als Manager besonders machte. Er hatte eine höchstens vage Vorstellung davon, welche Rolle er in der Wirtschaft spielen wollte. Er hatte kein weitgespanntes und tragfähiges Netzwerk aufgebaut, er hatte sich nicht auf Konferenzen gezeigt, er hatte keine Medienformate entwickelt, er hatte Social Media nicht mit der richtigen Konsequenz bespielt und er hatte keinen wiedererkennbaren »Look«. Kurz: Er hatte einfach nur sehr gute Ergebnisse abgeliefert. Und weil er sich nicht rechtzeitig sichtbar gemacht hatte, stand er nun vor dem Nichts.

»Sie sind ein Idiot!« ist ungefähr das Erste, was mir als Kommentar zu einer solchen Karriereplanung einfällt. Doch ich schätze den Mann. Und ich bedaure es, wenn ein solches Maß an Talent, an Kompetenz und Integrität zwangsweise brach liegt. Geschichten wie diese haben mir die Dringlichkeit gezeigt, gerade jetzt eine Einführung zu schreiben. Ich möchte Sie einführen in die sonderbare Welt der CEO-Einhörner. Es ist eine zwischen Realität und Virtualität aufgespannte Welt. Konferenzen, Meetings, Netzwerktreffen, Bewerbungsgespräche – das alles ist zwar »real«, in diesen Settings zählt aber nur eins: Performance. Und genau das zählt auch in Social Media, in Printmedien und TV-Formaten: Performance. Business ist Bühne.

Köpfe machen Karriere

Sobald sich der Vorhang des Business-Ego-Theaters einen Spaltbreit öffnet, schaut im Moment immer das gleiche Einhorn-Gesicht zuerst heraus: Elon Musk. Das Ober-Einhorn.

Musk ist Tesla und Tesla ist Musk. So sehr, dass die PR-Abteilung des Unternehmens kürzlich aufgelöst worden ist. Anfragen möchte man ohnehin nicht beantworten. Was wie wo gesagt werden soll, soll kein Journalist entscheiden. »Teslas Social-Media-Offensive heißt vor allem: Elon Musk«, erklärte Lutz Frühbrodt, Professor für Fachjournalismus und Unternehmenskommunikation, jüngst gegenüber der SZ (Bovermann 2020):

> *»Es wird versucht, die kritische, differenzierte Betrachtungsweise auszuhebeln, für die der Journalismus sorgt, und stattdessen die Kommunikation auf eine Person hin zu zentralisieren.«*

Diese Personalisierung hat Vorteile – der Promi-Effekt sorgt für hohe Nachrichtenwerte. Aber auch Nachteile. Denn Nachrichtenwert entsteht auch, wenn ein Promi sich danebenbenimmt. Frühbrodt:

> *»Es kann halt passieren, dass Musk ein Interview gibt, wie das mit dem Youtube-Talkmaster Joe Rogan, von dem er keine kritischen Fragen erwarten musste und sich sicher fühlte - und dann zieht er am Joint, den Rogan ihm hinhält. Und der Aktienkurs stürzt ab.«*

Schon sehen Sie beide Gesichter des Personal Brandings: Wer will, dass die Wirtschaft auf ihn wettet, muss sich als Einhorn ins Rampenlicht stellen. Wenn er dann einen Fehler macht, rauscht der Wert seines Unternehmens in den Keller. Und wenn er Pech hat, sein eigener gleich mit. Es geht Ihnen wie dem griechischen Sagenhelden Odysseus, der zwischen den beiden Seeungeheuern Skylla und Charybdis hindurch navigieren muss. Auf jeder Seite droht Gefahr.

- Zeigen Sie sich nicht als Einhorn, bricht Ihre Karriere ab.
- Zeigen Sie sich doch als Einhorn, beträgt der Abstand zum nächsten Shitstorm genau einen Klick.

Da müssen Sie durch, wenn Sie zu den gefragten Playern der Wirtschaftsbühne zählen wollen. Wobei das Beispiel Elon Musk zeigt: Fehltritte sind zwar teuer und meistens peinlich, aber nicht immer tödlich. Gute Einhörner sind zäh.

Wirtschaftskrisen lassen Einhörner leuchten

Das vermehrte Einhornaufkommen in den Topetagen der Wirtschaft mit fabelhaften Führungskräften, die heute hier verschwinden und morgen dort auftauchen, ist ein relativ junges Phänomen. Und in der Automotive- und Elektronikbranche besonders weit verbreitet. Das war nicht immer so. Lee Iacocca (1924 – 2019) etwa, US-amerikanische Managerlegende mit italienischen Wurzeln, durchlief eine amerikanische Bilderbuchkarriere. Sein Name steht über Dekaden für Ford, einige Jahre engagierte er sich noch für Chrysler. Ein Gentleman jedenfalls, kein Einhorn. Nächstes Beispiel: Jack Welch (1939 – 2020) steht ausschließlich für General Electric und mehr noch, er gilt laut Wirtschaftsmagazin Fortune als »Manager des Jahrhunderts«.

Doch es gibt etwas, das diese ältere Riege der superbeständigen Führungslegenden mit den jüngeren, sprunghafteren Unicorns verbindet. Und das ist der gemeinsame Hintergrund: die Krise.

In jeder Krise wächst die Sehnsucht nach einem Hoffnungsträger. Je unübersichtlicher die Lage, je desorientierter Manager und Mitarbeiter und je gefährlicher sich die Situation für ein Unternehmen entwickelt, desto größer zeichnen interne und externe, digitale und analoge Medien das Gesicht desjenigen, der die Sache regeln soll. Personalisierung schafft Vertrauen, schafft Mut, schafft Hoffnung. Dass heute für jedes Anliegen und in jeder Filterblase andere Gesichter herhalten müssen, unterstreicht diese Entwicklung nur.

Sie alle haben diese Gesichter vor Augen: Greta rettet die Umwelt, Drosten erklärt Corona, Thelen hilft Start-ups mit Geld, Källenius macht Mercedes grün, Kæser navigiert(e) Siemens durch schwierige Zeiten und redet sogar mit Luisa Neubauer, die in Deutschland mit Greta die Umwelt rettet. Gesichter stehen für Themen. Gesichter sind Themen.

Einhörner haben viele Leben

Es sind also Krisen, die den Aufstieg charismatischer Hoffnungsträger begünstigen, die für bestimmte Themen stehen. Krisen machen Gesichter groß. Menschen glauben an die Kraft eines Menschen viel eher als an die Kraft einer Organisation. Denn ein Mensch ist konkret, eine Organisation ist abstrakt. Umgekehrt heißt das: Fährt eine Organisation an die Wand oder fällt ein Thema vom Tisch – Gründe dafür gibt es viele –, wird die Verantwortung dafür genau dem Gesicht zugeschoben, auf das man zuvor alle Hoffnung gesetzt hatte. Dann wird das Einhorn von der Spitze verjagt. (Jedenfalls dann, wenn es nicht Elon Musk ist.)

Bis vor wenigen Jahren war das der Moment, in dem die Medienkassen klingelten. Je größer die Fallhöhe eines einstigen Hoffnungsträgers in die Versagerklasse, desto größer der Nachrichtenwert. Wobei die Häme rund um den Absturz grundsätzlich einen größeren Wert hatte als die Verheißung eines neuen Messias.

Heute ist das oftmals anders. Heute lautet die Nachricht nicht mehr: »Markenunternehmen trennt sich von Manager«. Vielmehr heißt es: »Neues Kapitel für die Unternehmensmarke und neues Kapitel für die CEO-Brand.« (Zeitler 2020, 12) Natürlich spekulieren Tageszeitungen und Handelsblätter auch heute noch darüber, ob es hinter den Kulissen Unstimmigkeiten gab, einen Streit, einen Vertrauensbruch. Natürlich reiben sie sich die Hände bei dem Gedanken, ein Einhorn könnte sich zu Tode gestürzt haben. Doch die düstersten Vernichtungsfantasien sind umgezogen in die Reality-TV-Sparte. Einhörner lässt man im Zweifelsfall unbehelligt weiterziehen und weiterleben in einem jenseitigen Kosmos, der sich Social Media nennt. Von dort kommen sie dann irgendwann wieder herab in die realen Gefilde des irdischen Business. Wie schaffen sie das?

Die besten Unicorn Brands sind unabhängig

Es hat sich mittlerweile herumgesprochen, dass ein CEO, will er Erfolg haben, sich nicht in seinem Arbeitszimmer verstecken darf, um dort in aller Stille dem Numbercrunching zu frönen. Ein CEO muss sich zeigen, muss kommunizieren. Und das geht heute – nicht erst seit der 2020er-Pandemie – am effektivsten dort, wo die meisten Menschen ohnehin kommunizieren: im Netz.

Dass die Grenze zwischen interner und externer Unternehmenskommunikation mittlerweile unscharf verläuft, ist für die Profilierung des einzelnen CEOs in der Öffentlichkeit von Vorteil. Nehmen Sie als Beispiel die Podcasts von Daimler (https://www.daimler.com/podcasts/). Hier kommen »Gäste aus aller Welt« zu Wort – natürlich nicht irgendwelche Gäste. Es sind allesamt Managerinnen und Manager aus Weltkonzernen, Klimaexperten, ehemalige Minister oder Trainer international erfolgreicher Sportlerteams. Es sind allesamt Einhörner.

Und sie alle treten an für ein doppeltes Ziel: Sie zahlen ein auf die Reputation des Unternehmens, für das sie gerade tätig sind. Und sie zahlen ein auf ihre eigene Reputation. Ein Wert, der sich im Laufe ihrer Karriere immer mehr abkoppelt von den Marken ihrer Arbeitgeber und sich verselbstständigt zu einer eigenen Personenmarke.

Janina Kugel, von 2015 bis 2020 Vorstandsmitglied und Arbeitsdirektorin von Siemens, hat diese Doppelaufgabe über Jahre betrieben: Einerseits volles Engagement für ihre jeweiligen Arbeitgeber, andererseits volles Engagement für ihr eigenes Thema: Diversity. Derzeit ist sie als Senior Advisor bei der Boston Consulting Group tätig, als Aufsichtsratsmitglied (PSVaG, Konecranes) und sie ist Mitglied verschiedener Gremien (BDA-Digitalrat, Rat der Arbeitswelt im Bundesarbeitsministerium).

Ich behaupte: Diese Vielzahl an renommierten Positionen hätte sie heute nicht, wenn sie während ihrer aktiven Zeit bei Siemens kein erfolgreiches Einhorn-Branding in eigener Sache betrieben hätte.

Es liegt auf der Hand, dass eine sehr eng mit einer bestimmten Unternehmensmarke verknüpfte Personenmarke in dem Moment ihren Wert verliert, in dem der Arbeitsvertrag endet. Ist es aber im Vorfeld gelungen, die eigene Marke von der Arbeitgebermarke abzulösen, ist das Re-Branding nicht schwer. Mehr noch: Der Jobwechsel wird zu einer Randnotiz in der eigenen Timeline. Eine weitere, willkommene Gelegenheit, um jede Menge Likes, Glückwünsche und Follower einzusammeln.

Und das ist der Grund für die einhorntypische Unkaputtbarkeit: Weil niemand weiß, in welcher Position sie als nächstes auftauchen, stellt man sich vorsichtshalber gut mit ihnen. Schauen Sie sich die Posts auf LinkedIn einmal unter dieser Perspektive an. »Congrats!«, »Great Job!«, »Großartig!« Sie finden sich wieder als Zeuge eines gigantischen Ringelpiezes, in dem jeder den anderen fabelhaft findet. Sei es aus Opportunismus oder aus echter Anerkennung – das lässt sich von außen nicht bewerten.

Einhörner machen Unternehmen wertvoll

Von Alexander Leinhos, langjähriger Leiter der Externen Kommunikation beim Telekommunikationsanbieter Vodafone Deutschland und seit August 2020 Director Corporate Communications, stammt ein eindrückliches Statement [zit. nach Zayats 2020, 163]:

> *»CEOs sind längst nicht mehr die stillen Silberrücken im Elfenbeinturm. Sie sind heute Marken-, Sinn- und Haltungs-Botschafter ihrer Unternehmen. Und sie sind Bindeglied zur gesamten Öffentlichkeit.«*

Die Reputation des einzelnen CEOs hängt heute direkt zusammen mit der Reputation seines Unternehmens. Wie hoch diese Abhängigkeit tatsächlich ist, wollte das PR-Unternehmen Weber Shandwick genauer wissen und fragte mehr als 1.700 Führungskräfte weltweit nach ihrer

Meinung (The CEO Reputation Premium: A New Era of Engagement, 2015). Ergebnis: 81 Prozent der befragten Führungskräfte weltweit sahen in der Reputation der CEOs einen entscheidenden Faktor für den Aufbau von Unternehmensreputation. Sie waren überzeugt, dass der Ruf ihres eigenen CEO gut die Hälfte sowohl des Rufs ihres Unternehmens (45 Prozent) als auch dessen Marktwertes (44 Prozent) ausmacht. Die Hälfte der Führungskräfte erwartete darüber hinaus eine in den kommenden Jahren steigende Bedeutung der CEO-Reputation. Das war die Umfrage 2015.

2020 zeigt: So ist es nicht gekommen. Die Folgestudie »The State of Corporate Reputation in 2020: Everything Matters Now« zeigte vielmehr einen Shift der Reputation in Richtung »omnidriven«. Das heißt, dass das Portfolio der Reputationstreiber eines Unternehmens nicht mehr nur von wenigen ausgewählten Faktoren abhängt. Heute zählt alles gleich viel auf das Reputationskonto ein: die Kompetenz der Mitarbeiter, die Qualität der Produkte, die Unternehmenskultur bis hin zur Unternehmensethik und sozialem Engagement. In einer Zeit, in der in jedem Moment eine disruptive Geschäftsidee, eine Umweltkatastrophe, eine Finanzkrise oder ein Abbruch internationaler Handelsbeziehungen drohen, sind die Antennen aller Führungskräfte auf »hyperalert« eingestimmt. Alles zählt.

Und das gilt nach wie vor für die Rolle des CEOs. Die Bedeutung seiner Reputation für ein Unternehmen ist nicht kleiner geworden, die Bedeutung der anderen Faktoren lediglich größer. Was heißt: Mit Einhornglitzer allein lässt sich kein Unternehmen durch die Krise führen – es muss gearbeitet werden. Erstaunlich ist das nicht.

Reputation zieht Reputation an

Interessant ist folgendes Detail: Ein Drittel der befragten CEOs zeigte sich überzeugt davon, dass auf die Unternehmensreputation allein ganze 76 Prozent des Marktwertes ihres Unternehmens zurückzuführen sind. Genau diese Führungskräfte waren außerdem fast vollzählig von der hohen Reputation sowohl ihres Unternehmens (94 Prozent Zustimmung) als auch ihres CEO (93 Prozent) überzeugt. Dagegen sprachen die am wenigsten vom Marktwert der Reputation überzeugten

Führungskräfte sowohl ihrer Firma [83 Prozent] als auch ihren Chefs [69 Prozent] weitaus schlechtere Werte zu.

Das von der hohen Reputationsrelevanz ihres Unternehmens und ihres CEOs überzeugte Drittel gab außerdem überdurchschnittlich häufig die Einschätzung zu Protokoll,

- dass der CEO in den sozialen Medien präsent sein sollte [67 % gegenüber 59 %],
- dass er in der lokalen Gemeinschaft aktiv sein sollte [74 % gegenüber 68 %]
- und dass er Preise gewinnen oder auf »Best-of-Listen« stehen sollte [70 % gegenüber 64 %].

All diese Ergebnisse wurden nicht auf Basis von Kennzahlen erhoben, sondern durch eine simple Befragung. Vor uns liegt also »gefühltes Wissen«. Trotzdem sagen diese Zahlen etwas für Sie Relevantes aus: Unternehmen, die einen hohen Wert auf Reputation legen – in der Automobilbranche trifft das auf alle großen Marken zu –, passen perfekt zusammen mit CEOs, die ebenfalls einen hohen Wert auf Reputation legen.

Wie gesagt: Ob diese Unternehmen und diese CEOs tatsächlich erfolgreich wirtschaften oder nur erfolgreich Wind machen, steht auf einem anderen Blatt. In jüngster Zeit haben wir erlebt, wie ein Möchtegern-Einhorn [Wirecard] von einem Moment auf den anderen platzte wie eine Seifenblase – und seine CEO-Einhörner gleich mit. Aber das ist ein anderes Thema. Gehen wir davon aus, dass sich sowohl das Unternehmen als auch der CEO ihre Unicorn-Reputation hart erarbeitet haben. Dass unter dem Einhorn-Glam Substanz steckt. In diesem Fall gilt:

- Ein unabhängig von einem Unternehmen bestehender, hoher Reputationswert eines CEO ist für ein Unternehmen harte Währung. Kann es einen solchen CEO für sich gewinnen, dann gewinnt es selbst an Wert.

- Dieser Wert wirkt sowohl nach außen in den Markt als auch nach innen – auf die Unternehmenskultur. Beide Effekte sind von hoher strategischer Bedeutung.

- Verläuft die Zusammenarbeit zwischen Unternehmen und CEO erfolgreich, steigt der Reputationswert des CEO weiter. Und damit sein unabhängig von diesem Unternehmen bestehender Marktwert.

Unternehmen machen CEOs groß und CEOs machen Unternehmen groß. Neu an der Sache ist der Einhorn-Faktor: Brandlove richtet sich nicht mehr nur auf die Automarke, die Sportschuhmarke, die Uhrenmarke. Brandlove richtet sich direkt auf CEO Unicorns.

Es ist also wie beim Fußball: Die besten Spieler verleihen ihren Vereinen Glanz – Spielerfolge und Vereinsglanz steigern den Wert des einzelnen Players. Für Superstars zahlen Vereine astronomische Preise und immer mehr Fans folgen ihren Göttern in Social Media. Dass Fußballer Cristiano Ronaldo auf Twitter 91,5 Millionen Follower um sich schart und Elon Musk »nur« rund 49 Millionen zeigt allerdings auch, dass der öffentliche Fokus weiter auf den Gladiatoren und ihren Arenen liegt. So sexy wie ein Ronaldo ist auch das coolste CEO-Einhorn nicht. Dennoch: 49 Millionen Musk-Fans. Wie kommt man dahin?

Drei Varianten der Sichtbarkeit: Personalisierung, Personifizierung, Personal Branding

Das Zauberwort heißt »Visibility«. Sich sichtbar machen im echten Leben und in den Medien. Beginnen wir mit den Medien. Dort finden wir drei Varianten der medialen Kommunikation rund um Personen, die wir uns näher anschauen werden (Sandhu/Zielmann 2010, 217):

- Medien selbst betreiben *Personalisierung*, wenn sie Einzelschicksale darstellen. Die Fallhöhe einer »Personality« ist per se schon ein Nachrichtenwert.

- Unternehmen setzen auf *Personifizierung*, wenn sie die Kernbotschaften durch eine Person symbolisieren lassen. Das Gesicht des CEO ist die gute Nachricht.

- *Personal Branding*, Personen-PR, Personality-PR, Impression-Management, #SocialCEO: Viele Begriffe kreisen darum, dass CEOs sich in vielen Formen medial selbst inszenieren, um persönliche Ziele zu erreichen.

Um diesen letzten Punkt dreht sich das hier vorliegende Buch. Lassen Sie uns des besseren Überblicks wegen dennoch alle drei Varianten der Sichtbarkeit kurz in den Blick nehmen:

Personalisierung: Ein aktuelles Musterbeispiel in Sachen Personalisierung zelebrierte »Die Welt« im Oktober 2019. Headline: »Dumm gelaufen – wie Bill McDermott das 16-Milliarden-Euro-Pech ereilte« (Zschäpitz 2019). Vorspann:

> *»Nach dem Abgang von Bill McDermott stieg der Börsenwert von SAP stark. Der Kurs seines neuen Arbeitgebers hingegen sinkt dramatisch. Schon haftet dem Manager der Ruf des Börsenschrecks an. Was dahinter steckt.«*

Und? Was steckt dahinter? Nach drei Minuten Lesedauer zeigt sich: nichts. Die Kursschwankungen waren in beiden Unternehmen unabhängig von McDermott. SAP hatte zeitgleich mit McDermotts Abgang gute Zahlen verkündet und seine Anleger mit gleich zwei frischen und ganz besonderen Einhörnern verzückt: Jennifer Morgan, erste Frau an der Spitze eines DAX-Unternehmens und Christian Klein, jüngster DAX-Chef jemals. Bei ServiceNow kam es zeitgleich mit McDermotts Wechsel zu zahlreichen Rücktritten – was Anleger verunsichert, aber wieder nichts mit dem neuen Chef zu tun hatte. Der in der Schlagzeile behauptete »Fall« eines CEO-Einhorns war also nichts als das, was in Social Media als »Clickbait« gilt. Ein »Klickköder«. Nutzt den Werbeeinnahmen des Mediums, gehört zu den Risiken und Nebenwirkungen einer starken »Visibility« und schadet der CEO-Reputation kaum, wenn sich die Nachricht schnell »versendet«.

Personifizierung: Medien wie »Die Welt« spielen also mit dem Drohbild der Minderwertigkeit. Dagegen setzen die Personifizierungs-Strategien der Unternehmen auf größenfantasiegetriebene Wunschbilder. Elon Musk, der visionärste unter den Visionären. Jeff Bezos, der reichste unter den Reichen. Götz Werner, der beste unter den Gutmenschen.

Warum das funktioniert, erklärt Marina Zayats in ihrem »Digital Personal Branding« Ratgeber wie folgt (Zayats 2020, 157):

> *»Es reicht nicht mehr, (nur) finanzielle Erfolge für das Unternehmen einzufahren wie Jack Welch oder innovative Produkte auf den Markt zu bringen wie Steve Jobs. Die heutige Riege der CEOs müssen Aktivisten sein, wie der dm-Gründer Götz Werner. Sie müssen mit ihrem Namen für etwas stehen, das Wert liefert für die Gesellschaft – und das auch klar kommunizieren und sichtbar machen.«*

Wie das konkret gelingt, zeigt die Telekom mit ihren über YouTube und andere Social-Media-Kanäle distribuierten Weihnachtsvideos. Im Jahr 2020 lässt das Unternehmen seinen Vorstandsvorsitzenden Tim Höttges auf einen Funkmast klettern, einen Weihnachtsbaum schmücken, ein Tischfeuerwerk zünden, einen Keks essen und nebenher die wichtigsten Telekom-Errungenschaften referieren. Was in dieser Kurzbeschreibung krude wirkt, ist tatsächlich äußerst geschickt gemacht: Höttges wird als »professionelles Gesicht« für die starke Leistung des Unternehmens inszeniert: Er präsentiert Ziele, Zahlen, Produkte. Er wird aber auch als »privates Gesicht« mit Haltung und Charisma gezeigt, weil der Film seine Blooper (Drehpannen) praktisch mitinszeniert. Und was könnte authentischer wirken als echte Gefahr (Höttges schwankt auf der Antenne), echtes Erstaunen (Höttges zündet ein Mini-Feuerwerk) und echter Ekel (Höttges isst einen unleckeren Keks)? So geht Branding heute.

Vorreiter derartig humoriger Personifizierungs-Videos war einmal mehr Dieter Zetsche. Als legendär gilt das Weihnachtsvideo 2017, in dem er plötzlich ohne sein charakteristisches Markenzeichen, den Schnauzbart, auftauchte. Ein Rebranding? Keineswegs. Zetsche hatte sich den Bart lediglich wegretuschieren lassen und gerade mit dieser Aktion auf seine Marke eingezahlt. Ergebnis: fast 150.000 Aufrufe, mehr als 1.000 Mal »Daumen hoch«. Nur einer von vielen Kommentaren: »Super Video. Selbstironie punktet immer.«

Personal Branding: Wenn sich CEO-Einhörner via Social Media selbst in Szene setzen, wirkt das häufig humorig und spontan, echt und nahbar. Tatsächlich stehen sozialpsychologische Werkzeuge dahinter, die in gegensätzliche Richtungen arbeiten. Die Darstellung von sozialem Engagement, Zugehörigkeit und privaten Aktivitäten zahlt auf den sozialen Anschluss ein. Wer frisch erworbenen Konsum vorführt – gerade errungene Awards, die Teilnahme an Prestige-Events oder das Treffen mit Prominenten – inszeniert Exklusivität. »Outstanding« bedeutet genau das: Sich abgrenzen. Anders sein. Wie das geht, zeigt ein kurzer Blick in den LinkedIn-Account von Dr. Karl-Thomas Neumann, Ex-Topmanager von Motorola, Volkswagen, Continental, Volkswagen China und Opel – und bei diesem Wechseltempo klar Mitglied des CEO Unicorn Clubs. Eintrag November 2020:

»After weeks of waiting my new #Taycan from Porsche AG arrived. Having been a Tesla driver in the past years I can clearly say that this car is much more fun to drive. An emotional driving machine like every other Porsche and the best electric car I have ever driven.«

Porsche plus Tesla. Das sind gleich zwei starke Statusmarker. Auf dem Foto zeigt sich KTN (Kürzel = Markenzeichen) mit Statementbrille (extravagant), Wollmütze (jugendlich), Sportwagen (exklusiv) und einsamem Panoramablick über ein Mittelgebirge (»outstanding«). Weitere Einträge unterstreichen Expertise in allem, was ein Automotive-Experte braucht: KI, E-Mobility, Geopolitik, Networking mit Automotive VIPs, das alles garniert mit ein wenig innovativem Wassersport. Man muss es persönlich nicht unbedingt mögen, um zu sagen: vorbildlich. Das ist State of the Art in Sachen Eigenreklame. KTN ist Influencer.

CEO Unicorns als »Influencer«

Weder ein amtierender noch ein ehemaliger Topmanager lässt sich ernsthaft auf eine Stufe stellen mit den zahllosen Internetsternchen, die via Social Media Eierkuchen backen, den »herabschauenden Hund« vorturnen und Pickelabdeckstifte anpreisen. Dennoch ist die öffentliche Wirksamkeit von Leadership-Marken nicht von der Hand zu weisen.

Auch Topmanager sind auf ihre Weise Influencer. Auch sie lassen sich unterscheiden anhand ihrer Involviertheit in ihr persönliches Thema, so wie es die Influencer Marketingagentur »Social Match« vorgeschlagen hat (https://blog.socialhub.io/pyramid-of-influence/). Ich übertrage das vorliegende, vierstufige Modell an dieser Stelle auf das hier behandelte Thema Leadership-Marke und ergänze es um eine weitere Stufe (Eckelt 2021, 91):

1. **»I live it«:** Auf der obersten Ebene der Pyramide befinden sich die Führungskräfte, die aktiv Debatten anstoßen und sich an Inhalten Dritter beteiligen, die Stellung nehmen zu gesellschaftlichen Entwicklungen und Herausforderungen bis hin zum Thema Corporate Political Responsibility.

2. **»I love it«:** Experten der I love it Ebene zeigen sich nahbar und authentisch. Um diesem persönlichen Ansatz gerecht zu werden, bedienen diese CEOs ihre Profile zumindest teilweise selbst.

3. **»I like it«:** Führungskräfte auf dieser Ebene haben sich auf diversen Plattformen registriert. Sie liken und reposten Beiträge der Unternehmensseite, häufig wird der Account auch von Mitarbeitern bespielt.

4. **»I know it«:** Auf dieser Ebene ist den Führungskräften die Bedeutung von Social Media bewusst, sie haben sich zwar registriert, zeigen aber keinerlei Aktivität.

5. **»I don't know it«:** Diese Führungskräfte haben sich auf keiner Plattform registriert und interessieren sich grundsätzlich nicht für das Thema Social Media.

Gerade in der aktuellen Zeit, in der sich krisenbedingt viele Strukturen sehr schnell ändern, geben Studienergebnisse zu Social-Media-Aktivitäten von Führungskräften immer nur punktuelle, wenig aussagekräftige Einblicke, die ich an dieser Stelle nicht eingehend zitieren werde. Nur dies: Ein sehr großer Teil der CEOs ist auf Social Media unsichtbar (Stufe 5), ein kleiner Teil zeigt zumindest sporadisch Aktivität (Stufen 2, 3, 4).

Als aktive »Influencer« (Stufe 1) dagegen inszenieren sich nur einzelne CEOs und Ex-CEOs – dann aber sehr aktiv. Der oben erwähnte KTN zählt sicherlich dazu. Deutlich hervorgetan haben sich in jüngster Zeit auch Douglas-Chefin Tina Müller, die von der Jury des German Brand Awards jüngst mit dem Ehrenpreis Brand Manager of the Year 2020 ausgezeichnet wurde, außerdem Miriam Meckel, Gründungsverlegerin von ada, der Plattform für das digitale Leben und die Wirtschaft der Zukunft, bei der Handelsblatt Media Group. In ihrer Funktion als Professorin für Corporate Communication an der Universität St. Gallen ist diese Aktivität zwar nicht erstaunlich. Nehmen wir die eingangs genannte Janina Kugel mit in diese Reihe, ergibt sich der auch von diversen Experten bestätigte Eindruck, dass sich Business-Frauen mit Social Media etwas leichter tun als die Mehrzahl der Organization Men.

Das ist also State of the Art in Sachen Personal Branding. Dabei betreiben Professionals nicht erst seit Social Media – LinkedIn gibt es seit 2002, XING seit 2003 (anfangs OpenBC), Facebook seit 2004, Twitter seit 2006 –, sondern immer schon persönliche Markenbildung. Angefangen bei der Gestaltung ihrer Lebensläufe und PowerPoints über ihre Kleidung bis hin zu ihrer Sprache, Körpersprache und dramaturgischen Interventionen in Meetings oder Verkaufsgesprächen. Schon die Art, wie ein CEO seinen Espresso will oder nicht will, kann auf sein Branding einzahlen.

Brauchen Sie das jetzt auch? Wollmütze, E-Porsche, Bergblick? Natürlich nicht zwingend so. Sondern auf Ihre Art. Fakt ist: Wenn Sie erfolgreich mitspielen wollen, müssen Sie sich sichtbar machen. Sie müssen sich zeigen, und zwar authentisch, echt und nachprüfbar. Mit vorgetäuschtem Status via gekauften Followerzahlen und nur behaupteter Kompetenz kommt man nicht weit – mit dem Rückzug nach dem Graue-Maus-Prinzip allerdings auch nicht. Was »sichtbar« heute heißt, hat bisher nur ein kleiner Teil der Führungskräfte verstanden.

Was Unicorn Branding bringt

Schauen wir uns die Welten der C-Manager an: In der einen Welt leben Superstars wie Musk und Co., die unfassbar gut verdienen und die jeder kennt. In der anderen Welt leben hart arbeitende C-Level-Performer wie der Manager, den Sie am Anfang dieses Buchs kennengelernt haben. Diese verdienen ordentlich, fallen aber niemandem auf. Wenn sich das

Business weiterbewegt, sind sie weg vom Fenster. Was kaum jemand bemerkt, weil sie unsichtbar sind.

Sie sind deshalb unsichtbar, weil sie noch immer dem Glauben anhängen, für Organization Men gehöre sich das so. Intern vielleicht mal auf den Tisch hauen, intern an der eigenen Reputation schrauben, gute Leistungen und Zeugnisse sammeln, aber bloß nichts nach außen dringen lassen. Nun: Die Zeiten haben sich geändert. Was wir unter Reputation verstehen, hat sich geändert.

Die Relevanz der Reputation, die sich aus formalen Reputationssystemen speist, die gibt es immer noch: Bildungsabschlüsse, Zeugnisse, Auszeichnungen. Enorm gewachsen ist die Relevanz einer neuen, einer informellen Variante der Reputation: Diese beruht auf dem Wohlwollen oder der Wertschätzung anderer: Empfehlungen, Likes, Links. Die Substanz dieser Reputation besteht zu einem großen Teil aus den Informationen, die eine Person innerhalb ihres sozialen Netzwerks preisgibt, und aus den Informationen, die andere über sie verbreiten. Das gilt für unternehmensinterne Netzwerke genauso wie für externe.

Wenn Sie heute innerhalb Ihres eigenen Unternehmens erfolgreicher sein wollen, brauchen Sie Sichtbarkeit. Wenn Sie neuen Arbeitgebern auffallen wollen, brauchen Sie Sichtbarkeit. Wenn Sie als Selbstständiger lukrative Aufträge suchen, brauchen Sie Sichtbarkeit. Unicorns fallen mehr ins Auge als graue Organization Men. Ihre Reputation speist sich aus Sichtbarkeit.

Manager und High Performer profitieren aus diesem Grund von internen Bühnen. Ihre Sichtbarkeit – vorausgesetzt, sie gründet sich auf Reputation statt auf Skandal – trägt zu positiven Effekten auf allen Ebenen bei:

- **Karriere:** Eine höhere Sichtbarkeit begünstigt ein höheres Einkommen, Karriereschritte gehen schneller, man ist fest im kollektiven Unternehmensgedächtnis verankert und der eigene Name ist bei Entscheidungen präsenter. Nicht selten führt Ihre hohe Sichtbarkeit dazu, dass Unternehmen Ihnen neue Positionen auf den Leib schneidern oder dass Sie von neuen Positionen erfahren, noch bevor diese ausgeschrieben werden.

- **Unternehmenserfolg:** Sichtbare Führungskräfte wirken tatsächlich positiv auf den Geschäftserfolg. Zum einen verstärken sich Produkt-, Unternehmens- und CEO-Marken bestenfalls gegenseitig. Zum anderen ist die Arbeit an Sichtbarkeit eng verknüpft mit dem Aufbau starker, persönlicher Netzwerke innerhalb des Unternehmens und innerhalb der Branche, die wiederum zu besseren Verhandlungspositionen, mehr Wissenstransfer, damit mehr Innovation und über diesen Weg zu besseren Ergebnissen führen. Nicht zuletzt zahlt CEO Branding ein auf

- **Employer Branding:** Je höher die Sichtbarkeit eines inspirierenden CEO, desto höher die Attraktivität des Arbeitgebers, desto eher bewerben sich interessante Bewerber – was sich wiederum positiv auf den Unternehmenserfolg auswirkt.

Für die Zielgruppe der C-Level-Kandidaten sehe ich eine Analogie zu Casting-Shows: Es gilt bei Bewerbungen zunächst einmal, überhaupt in die Sendung zu kommen. Hierfür sind bestimmte Kriterien im Pre-Casting zu erfüllen. Die in den jeweiligen Shows abgefeierten Kernkompetenzen (Singen, Tanzen, Kochen, Spinnen anfassen) sind dabei nicht einmal gemeint, diese werden vorausgesetzt. Was von den Castingbüros wirklich gesucht wird, ist der spezielle Einhorn-Geruch. Und der entsteht nicht von allein. Für den braucht es das gesamte Repertoire der Selbstinszenierung.

Damit meine ich nicht die schaumschlagende Industrieschauspielerei einiger Egomanen, die mit hohem performativem Aufwand ihre minimale Leistungsfähigkeit oder -bereitschaft übertünchen. Sie erinnern sich an das treffende Zitat aus dem Manager Magazin (2/2015), das ich in meinem Buch »Kandidaten lesen« schon einmal verwendet hatte (Eckelt 2017, 173):

> *»Die Egomanen vernichten am Ende oft Milliardenwerte, samt Arbeitsplätzen, bringen Gläubiger um ihr Geld und demontieren sich selbst, weil ihr Ich das Hirn auffrisst.«*

Noch einmal: Diese meine ich nicht. Zwischen größenwahnsinnigem Industrieschauspielertum einerseits und der aus falsch verstandenem Understatement entspringenden Totalunsichtbarkeit andererseits liegt eine große Spannbreite. In diesem Buch geht es darum, dass Sie sich innerhalb dieser Spannbreite auf einem Punkt positionieren, der zu Ihnen passt und der Ihnen hilft, Ihre Ziele zu erreichen. Und dazu gehört es, dass Sie Ihre Leistungen und Stärken explizit »zur Schau stellen«.

Und zwar selbst zur Schau stellen – und nicht vermittelt durch einen 08/15-Outplacementberater, der Ihnen vielleicht durch Ihren früheren Arbeitgeber aufs Auge gedrückt worden ist. Auf Massengeschäft fokussierte Outplacementberater sind typischerweise nicht an der Schärfung Ihrer Personal Brand interessiert. Sie machen nur ihren Job. Und der besteht darin, Ihnen vorgefertigte Recruiting-Halbweisheiten aufzutischen, Ihre Bewerbungsunterlagen zu bügeln, vor allem aber darin, Sie von einer Klage gegen Ihren Arbeitgeber abzuhalten. 08/15-Outplacer halten Systeme störungsfrei. An professioneller Exzellenz und nachhaltig erfolgreichen Win-win-Situationen orientierte Outplacement- und Executive Search Consultants verbinden Systeme. Und Sie selbst tragen mit einer Personal Brand dazu bei, Sie im System sichtbar und »vermarktbar« zu machen. Das ist absolut notwendig, denn: Wer sich nicht zeigt, den gibt es nicht.

Das gilt auch für Selbstständige. Wer sich nicht mit einer klaren Personal Brand am Markt zeigt, wird nicht angefragt. Oder wird von den falschen Kunden angefragt. Er wird auch nicht über seine eigentliche Dienstleistung oder sein Produkt hinaus für Auftritte als Keynote-Speaker, als Trainer oder Seminarleiter angefragt. Wer sich nicht zeigt, der gewinnt auch kein Vertrauen.

Das kann insbesondere im Dienstleistungsbereich tödlich sein. Gerade hier vermischen sich Unternehmensmarke, Servicemarke und Personenmarke erheblich, da die Qualität der Dienstleistung maßgeblich mit der Person des Inhabers in Verbindung gebracht wird. (Spall/Schmidt 2019, 168 ff.) Wobei ich mit »Selbstständig« nicht nur Inhaber mittelständischer Unternehmen, Berater und Trainer meine, sondern die steigende Zahl der sehr gut dotierten Interimsmanager (Näheres zu dieser Karriereperspektive in meinem Buch »Second Career: 21 neue Perspektiven für Senior High Performer«, 149 ff.). Die sogenannte Gig-Economy mit ihren befristeten Engagements spielt heute auch im C-Level eine Rolle.

Wir halten also fest: Wer mitspielen will, muss als Einhorn mitspielen. Nur so fällt er auf. Und nur so fällt er im entscheidenden Moment dem richtigen Entscheider ein. Die Hintergründe für den Unicorn-Zwangskarneval der Topmanager ist offensichtlich: Es gibt kein Marktgleichgewicht. Die Menge der sich selbst anbietenden CEOs ist viel größer als die Menge der Unternehmen, die ebensolche suchen. Das war nicht immer so. Wie es dazu gekommen ist, dazu mehr im nächsten Kapitel.

FAZIT

1. **Business ist eine Bühne.** Es ist eine zwischen Realität und Virtualität aufgespannte Welt, in der Performance zählt. Performance macht Unicorn Brands.

2. **Krisen begünstigen Unicorn Brands.** Denn in Krisen jeglicher Art entsteht die Sehnsucht nach charismatischen Hoffnungsträgern.

3. **Unicorn Brands machen Unternehmen wertvoll –** und umgekehrt. Neu ist, dass Personenmarken ihren Wert unabhängig von Unternehmensmarken entwickeln und auch über Jobwechsel hinweg kontinuierlich steigern können.

4. **Je mehr Wert ein Unternehmen auf Markenreputation legt,** desto eher entscheidet es sich für eine Top-Führungskraft mit einer starken Personenmarke.

5. **Die Reputation einer Personenmarke speist sich aus Sichtbarkeit.**

II.

DIE LANGEN SCHATTEN DER PERFORMANCE-GESELLSCHAFT

In den vergangenen 20 Jahren – mit einer kurzen Pause während der Weltwirtschaftskrise 2008 bis 2010 – mussten Unternehmen kreativ werden, um sich die High Potentials unter den Bewerbern zu sichern. Es tobte ein regelrechter Kampf um die besten Talente.

Es war einmal ein »War for Talents«

Es war Steven Hankin von McKinsey & Company, der das Gerangel im Jahr 1997 auf den Begriff »War for Talents« gebracht hatte. Kurz darauf, 2001, publizierten Ed Michaels, Helen Handfield-Jones und Beth Axelrod ein Buch mit gleichnamigem Titel, in dem sie die Bedeutung von Talent für den Erfolg von Organisationen darlegen. Dass die Zeit um die Jahrtausendwende die Geburtsstunde des Employer Branding war, liegt auf der Hand: Wer den besten Kandidaten für sein Unternehmen interessieren wollte, musste sein Image herausputzen. Das ist die Logik der Heiratsmärkte.

Spätestens 2018 wendete sich das Blatt. Konzerne schockierten mit Ertragswarnungen, der DAX brach ein, technikgetriebene Disruptionen erschütterten Branche um Branche und im globalen Gleiswechsel von schweren Verbrennerkarossen auf schlanke E-Mobilität verpassten deutsche Autobauer die Abfahrt. Allein die DAX-Konzerne kündigten einen Abbau von Stellen an: 100.000 Jobs. Im Zuge zahlreicher Insolvenzen, Übernahmen, Fusionen und Hierarchie-Abbauprogrammen (Stichwort »Agilität«) kamen auch Management-Jobs unter die Räder.

Nun sind es die Kandidaten, die ihr Image auf Hochglanz bringen müssen, um am Arbeitsmarkt gesehen zu werden und einen der begehrten, existenzsichernden Arbeitsplätze zu ergattern. Wobei der härteste Existenzkampf nicht von den Ober-Einhörnern geführt wird, die will weiterhin jeder haben, sondern von der großen Masse der im Karrierestau steckenden C-Level-Manager, die niemand kennt und für die sich im Business niemand interessiert.

Es sind ausgerechnet die geburtenstarken Jahrgänge der Silver-Babyboomer, die untereinander schon immer in einem größeren Konkurrenzkampf standen als andere Kohorten: Konkurrenz um Sandschippen, Grundschulstühlchen, Studienplätze und die begehrtesten

Jobs auf der Karriereleiter kennt diese Generation wie niemand sonst. Zumal sich gerade in diesen Jahrgängen nicht nur Männer um die Posten rangelten, sondern auch immer mehr Frauen. Genau diese Männer und Frauen kämpfen jetzt um Aufmerksamkeit, weil sie um ihr Einkommen und Auskommen fürchten. Genau diese suchen jetzt lukrative Positionen. Stellen Sie zu »suchen« gerne das Wörtchen »händeringend«, ohne das vor 20 Jahren kein Zeitungsartikel zum Thema Fachkräftemangel ausgekommen ist. Und nennen sie die Lage gerne »War for Existence«.

Vom »War for Existence« zum »Hiring Freeze«

Dann kam Corona. Lockdown. Die Wirtschaft stand still. Fabian Kienbaum, CEO der Personal- und Organisationsberatung Kienbaum Consultants, konstatierte im Juli 2020 einen »Winterschlaf« vor allem bei der Vermittlung von Führungskräften ins mittlere Management und warnte vor einem »Hiring Freeze« [Jga 2020]. Eine auf den April im Coronajahr 2020 fokussierte Umfrage von metaHR und stellenanzeigen.de bestätigte diese Einschätzung mit einer konkreten Zahl: Fast 37 Prozent der befragten HR-Verantwortlichen hatten ihre Personalmarketingaktivitäten und Stellenschaltungen deutlich reduziert oder ganz eingestellt, 27 Prozent hatten sie etwas reduziert – nur rund 2 Prozent vermeldeten verstärktes Recruiting [Athanas 2020].

Zum gigantischen Arbeitnehmer-Exodus des Jahres 2018 addierten sich im Jahr 2020 neue Entlassungswellen, die mit dem neuen Universalargument »Pandemie!« begründet wurden. Es traf die Tourismusindustrie, die Flugbranche, den Handel, das produzierende Gewerbe, Teile der Maschinenbaubranche und die Automobilindustrie.

Der Verband der Automobilindustrie [VDA] zählte im November 2020 einen Rückgang der Fahrzeug-Neuzulassungen um 20 Prozent. Da gleichzeitig der Export einbrach, rechnet der Verband zum Jahresende mit einem Produktionsrückgang um ein Viertel. Innerhalb eines Jahres sind laut VDA 30.000 Arbeitsplätze in der Branche verloren gegangen – ein Großteil davon in der Produktion.

Doch auch das C-Level kommt unter die Räder [dpa 2020]. Zumindest in den Unternehmen, die die Transformation nicht schaffen. Und das sind viele. Viele deshalb, weil die Wirtschafts- und Absatzkrise ohnehin schon an Umsätzen und Gewinnen genagt hatte und Gewinne ausgeblieben sind, die zur Finanzierung der digitalen Transformation notwendig gewesen wären. Die Pandemie erforderte dann noch zusätzliche, kostspielige Maßnahmen des Gesundheitsschutzes und der Prävention. Das alles ließ die Effizienz leiden und die Kosten steigen, während wichtige Produktionsteile an geschlossenen Ländergrenzen hängenblieben und Fach- wie Führungskräfte von ihren Küchentischen aus versuchten, zu retten, was zu retten war.

Immerhin: Die coronabedingten Hygieneregeln stellten einen Boost für Virtualisierung dar. Viele der notwendigerweise etablierten Instrumente und Prozesse werden bleiben – Homeoffice, Videokonferenzen, Social Media, Remote-Führung etc. Sie werden zu neuen Einsparungseffekten führen und auch zu neuen Geschäftsmodellen und neuen Gewinnern unter den Unternehmen.

An erster Stelle ist hier sicherlich der Videokonferenzanbieter Zoom zu nennen. Interessant ist auch die Entwicklung diverser Anbieter von Home-Entertainment [Sony, Nintendo, Walt Disney, Netflix], von Lieferdiensten [Delivery Hero] und Telemedizin [Teladoc Health]. Jede Krise ist immer auch ein Anfang. Auch für Senior High Performer.

Gleichwohl bleibt die Welt ungemütlich: Ebola-Ausbrüche, SARS, MERS und auch die aktuelle Corona-Pandemie gehen auf Fledermausviren zurück – und es bleiben noch Tausende Fledermausviren für neue Spillovers übrig. Zudem haben wir die Klimakatastrophe, neue Kriege, wir können jederzeit in neue Finanzkrisen stürzen und wie das geopolitische Zerren zwischen China, den USA und Europa ausgeht, ist derzeit völlig unklar.

Diese Rahmenbedingungen stellen die Wirtschaft vor eine chronische Zerreißprobe und nehmen den fleißigen, grauen Organization Men ihr gemütliches Habitat. Wenn wir überspitzen wollten, könnten wir sagen: Normale CEOs sind in dieser Umwelt vom Aussterben bedroht. Executive-Unicorns leben länger. Und besser. Denn sie passen besser in die Welt des Unicorn Business.

Vom »Working Self« hin zum »Self as Work«

Der Wandel der Unternehmen von langlebigen, superkomplexen Mechanismen hin zu agileren, projektförmigeren Organisationen hat die typischen Karrieren verwandelt. Über Dekaden planbare Schornsteinkarrieren wurden vielerorts abgelöst durch kurzfristige Projekt-Engagements, wodurch jeder Einzelne gezwungen wurde, erfolgreiche Projektperformance abzuliefern und sich gleichzeitig für Folgeprojekte in Stellung zu bringen. Das bedeutet einen Shift von einem »Working Self« hin zu einem »Self as Work« in Form von Personal-Branding-Arbeit (vgl. Kapidzic 2018, 23). Und das bedeutet auch: Personal Branding ist ein Massenphänomen. Sich mit einer eigenen Brand darzustellen – zumindest mit einer Präsenz auf LinkedIn – ist so gewöhnlich wie der Besitz eines Smartphones.

Befeuert wird diese Entwicklung durch den zunehmenden Einfluss der sozialen Medien mit ihrer Hauptwährung Selfie. In der öffentlichen Wahrnehmung überdeckt die Selbstdarstellungskomponente heute fast vollständig die Leistungskomponente. Fakten und Argumente stehen kaum mehr zur Debatte. Die Performancegesellschaft hat sich in eine globale Maschinerie verwandelt, in der einer dem anderen Honig um den Mund schmiert oder Hasstiraden feuert. Wie spielt man dort mit, ohne umzukommen? Um das zu verstehen, müssen wir tiefer in die Mechanismen der Medienwelt eindringen.

Wie Ihrer Performance der Puls gemessen wird

Nehmen wir die Bewertungsmaßstäbe der öffentlichen Kommunikation auseinander, stoßen wir auf drei Maßstäbe für Performance, die sich in unterschiedlichen Personalisierungsstrategien niederschlagen: (Eisenegger/Koniezcny-Wössner 2010, 119; vgl. auch Ottovordemgentschenfelde 2017, die in einer aktuellen Branding-Analyse auf Twitter zu einem vergleichbaren Ergebnis kommt)

- **Leistung (Performance):** Wie gut »funktioniert« der CEO? Wie steht es um die messbaren Leistungen? Um die zählbaren Kompetenzen? Ist der CEO erfolgreich? Um diese Themen dreht sich die »funktionale Personalisierung« eines CEO in den Medien.

- **Haltung:** Verhält sich der CEO normativ-moralisch korrekt? Ist sein Handeln legitim? Ist das Handeln des CEO verantwortlich und fair? Das ist das Thema der »sozialen Personalisierung«.

- **Charisma:** Wie steht es um die Attraktivität und Authentizität des CEO? Ist er charismatisch, spannend, faszinierend? Ist er begabt, vielleicht sogar außeralltäglich, heldenhaft und heilsbringend? Um diese Frage geht es der »charismatischen Personalisierung«.

Mark Eisenegger, Professor für Kommunikationswissenschaft und Medienforschung an der Universität Zürich, hat die Wirkung dieser Personalisierungsmodi auf die Reputationsentwicklung von Unternehmen untersucht. Sein Ergebnis (Eisenegger/Koniezcny-Wössner 2010, 129):

- Berichte rund um die **Leistung** eines CEOs wirken stabilisierend: »Selbst im Falle wahrgenommener Inkompetenz hat die funktionale Personalisierung nur vergleichsweise moderate Negativwerte zur Folge.« Möglicherweise ist dieser Befund so zu verstehen, dass sich schlechte Ergebnisse rhetorisch besser verschleiern lassen, wenn die Unternehmens-PR normativ-moralische Themen ausklammert.

- Das Thema **Haltung** (»soziale Personalisierung«) »entpuppt sich (...) als eigentliches Minenfeld mit klar dominanten Reputationsrisiken.« Wirkt also die Haltung des CEO überzeugend, bleibt ein Unternehmen auch dann glaubwürdig, wenn es in die negativen Schlagzeilen gerät. Leisten sich CEOs aber moralische Fehltritte, sind sie kaum mehr zu halten. Das Klassiker-Beispiel dazu ist das legendäre Victory-Handzeichen des ehemaligen Chefs der Deutschen Bank, Josef Ackermann. Es stand für Arroganz und mangelnde Bodenhaftung. Es zerstörte seine Marke.

- Die Thematisierung von **Charisma** (»charismatische Personalisierung«) führt zu volatilen Ausschlägen in die positive und die negative Richtung. Die Inszenierung von Hoffnungsträgern zahlt auf das Reputationskonto eines Unternehmens ein – und genauso auf das CEO-Konto. Kommt es zu einem Reputationsmalus, kann sich das Unternehmen leicht davon befreien: »Es ›rollt der Kopf‹ und mit ihm die negativen Eigenschaften, die die Person auf sich vereinigt.« Der Malus wird der Personal Brand des CEO zugeschlagen und bleibt im ungünstigsten Fall daran haften.

Im günstigsten Fall, das möchte ich bei aller berechtigten Skepsis nicht verhehlen, hilft das Charisma eines CEOs tatsächlich durch Zeiten mit turbulenten gesellschaftlichen und geopolitischen Entwicklungen und mit enormen Fluktuationen, was Mitarbeiter und Vermögenswerte angeht. Auch wenn ein einzelner CEO die ökonomischen, gesellschaftlichen und technischen Zerreißproben am Ende des Tages nicht auflösen kann, so steht er doch mit seiner gesamten Persönlichkeit für die Verheißung, dass er auf den Spannungsfeldern souverän zu spielen weiß.

Das klassische Führungsbild des »Kapitäns«, der sein Schiff mit großer Souveränität und unter persönlicher Opferbereitschaft durch wilde Stürme steuert, wird in der aktuellen Literatur zwar nicht als solches benannt, dennoch aber häufig heraufbeschworen. Den vermeintlich relevanten Buzzwords Agilität und Disruption zum Trotz kommen wir von den uralten Bildern der charismatischen Führerschaft offenbar nicht los.

Die Wirtschaft ist ein charismafixiertes Starsystem

Hinter den beschriebenen Personalisierungsstrategien liegen unterschiedliche »Typen legitimer Herrschaft« – beschrieben bereits von Max Weber (1864 – 1920), einem der großen Vordenker der Soziologie und Nationalökonomie. Mediendarstellungen der CEO-Funktion zahlen auf den Typus »Rationale Herrschaft« ein, Darstellungen der CEO-Haltung auf den Typus der »Traditionalen Herrschaft« und Darstellungen des CEO-Charismas auf den Typus der »Charismatischen Herrschaft«.

Wir befinden uns in einem Zeitalter, in dem eine Organisation nicht mehr unbedingt als rational gesteuerter Mechanismus gesehen wird und auch nicht mehr als traditionell geführte Familie, sondern eher als ein Epos, das sich auf einen Superhelden und die von ihm »offenbarten oder geschaffenen Ordnungen« (Weber 1972) hin ausrichtet. Erfolgreiche Führung funktioniert heute entscheidend über Charisma. Das hat mehrere Gründe:

Die hohe Schlagzahl der Medien hat zu einer extremen Boulevardisierung der Inhalte geführt. Die größeren Kontexte der Strukturen und Situationen interessieren kaum mehr, was trendet sind Sex, Geld und Macht. In der Welt der CEOs: Awards, Autos, Abenteuer bringen Reputation. Skandale, Straftaten und ungünstig veranstalteter Sex kosten Reputation. Charisma fasziniert, Zahlen dagegen interessieren – zumindest in der öffentlichen Kommunikation – kaum. Der Aufreger hat die Analyse ersetzt. Hintergrund dieser Entwicklung ist die Nachkriegsentwicklung der Medien: Aus den ehemals parteinahen, zu einem Staatsbürgertum sprechenden (Print-)Medien sind gewinnorientierte (Multimedia-)Konzerne geworden, die Inhalte an Konsumenten verkaufen. Und da ist es gleich, ob es sich um Personen aus der Politik oder der Wirtschaft handelt: Heilsbringer und Bösewichte, Helden und Versager lassen sich sehr viel besser verkaufen als Quartalsberichte.

Die Emotionalisierung der Marken läuft parallel zu dieser Entwicklung. Bis ins frühe zwanzigste Jahrhundert stand die »Markierung« eines Produkts im Vordergrund, um ihren Hersteller und ihre Herkunft anzuzeigen. Kommuniziert wurde allenfalls, was ein Produkt kann – seine Merkmale, seine Leistung. Mit der Zeit kamen jedoch mehr und mehr Produkte mit vergleichbarem Nutzen dazu. Um sich dennoch zu behaupten, mussten Markenhersteller ihre Kommunikationsstrategie ändern. Schon in den 1950er-Jahren appellierten erste Marken deshalb nicht mehr nur an die praktischen Bedürfnisse ihrer Kunden, sondern darüber hinaus an ihre symbolischen Bedürfnisse: Identifikation, Inspiration, Status, vielleicht ein wenig Luxus. Der Ort der Marke hat sich damit verschoben: Von einem physischen Gebrauchsgegenstand zu einem in der Psyche des Konsumenten verankerten Vorstellungsbild.

Was theoretisch klingt, kennt jeder von Ihnen aus seiner persönlichen Praxis: Porsche, Rimowa, Apple, Montblanc, Rolex: Starke Marken stiften einen funktionalen, einen emotionalen und sozialen Nutzen, geben Sinn, Halt und Orientierung, schaffen vor allem Zugehörigkeit, stützen das Selbstbild, nehmen subjektiv die Angst vor dem Kaufrisiko. Mit dem, was man kauft, zeigt man, wer man ist. Oder sein möchte.

Der harte Wettbewerb innerhalb der Wirtschaft bei gleichzeitig hoher Komplexität und Unsicherheit hat wiederum parallel dazu zu einer Fokusverschiebung von der Organisation zur Person geführt. Durchgesetzt hat sich die Annahme, dass die erfolgreichsten Unternehmen die mit einem »Visionär« an der Spitze seien.

Nicht zuletzt belohnt die Börsenlogik besonders schnelle Reaktionen. Sie reagiert auf Skandale in den Konzernspitzen wie auch auf Heilsbotschaften aus den Konzernspitzen ganz besonders sensibel.

Boulevardisierung der Medien, Emotionalisierung der Marken, Personifizierung der Unternehmen – und das alles befeuert durch den Druckkessel der Finanzmärkte: Die aktuellen Strukturen begünstigen planvolles und rationales Handeln eher nicht. Und weil es nicht mehr hauptsächlich um Rationalität geht, geht es in den Medien, in den Unternehmen, in den Parlamenten und auf den Straßen vielerorts auch nicht mehr um das bessere Argument oder überhaupt um die Logik des Argumentierens. Es geht um das lautere Geschrei, das krassere Bild, die höhere Aufmerksamkeit, um Hass und um Tränen. Es geht um Gefühl.

Was hat das jetzt mit Personal Branding zu tun? Eine Menge. Denn die oben skizzierte Beobachtung einer historischen Medienentwicklung – zunehmender Rationalitätsverlust, Fühlen statt Denken – wird in der Ratgeberliteratur tendenziell in eine neue Norm umgeschlagen.

So schreiben zum Beispiel Christopher Spall und Holger J. Schmidt in ihrem Buch »Personal Branding: Was Menschen zu starken Marken macht«: »Der Nutzen einer Persönlichkeit ist die Wirkung, die sie bei anderen Menschen hinterlässt – ein Gefühl.« (Spall/Schmidt 2019, 68). Das klingt so, als könne man Leistung aussortieren und ersetzen mit Sexyness. Dialog? Reflexion? Analyse? Braucht man dieser Einschätzung zufolge nicht mehr. Jetzt geht es um »Lebensgefühl« (Spall/Schmidt 2019, 71). Das ist die neue Norm.

Spall/Schmidt haben aus einer Beobachtung also eine Vorschrift gemacht. Damit sind wir aber noch nicht am Ende der seltsamen Auswüchse der Personal-Branding-Literatur. Sabrina Huber von der HWZ Hochschule für Wirtschaft Zürich geht nun den Schritt von der Norm zum Naturgesetz und erfindet die einprägsame Formel:

CEO-Branding =
Strategie x Kongruenz x Persönlichkeit x Konzept x Botschaft

Bestechend ist diese Formel deshalb, weil sie eine mathematische Logik behauptet. Und eine große Gefahr: Ist ein Faktor = null, ist das komplette Branding ein Nichts (vgl. Zeitler 2020, 55). So die hier aufgestellte Gleichung, die meiner Einschätzung nach nicht geeignet ist, die Realität auf den Punkt zu bringen.

Warum ich Ihnen das alles aufschreibe? Um Ihnen zu zeigen, dass Sie es in Sachen Personal Branding eben nicht mit Naturgesetzen zu tun haben. Sondern mit einer historischen Situation der Mediengeschichte und mit jeder Menge Leute, die mit dem Personal Branding anderer Leute Geld verdienen.

Dazu gehören auch PR- und Umfrageinstitute wie »Edelman Trust Barometer«, »Weber Shandwick« und wie sie alle heißen, die dann wiederum möglichst viele CEO nach ihrer Meinung fragen und dabei nichts anderes abholen als eine Bestätigung der durch Social Media kolportierten Vorannahmen über die Bedeutung von Social Media und den CEO-Wunsch nach eigener Bedeutung. Es ist ein riesiger, sich selbst bestätigender Kreislauf. Gegenteilige Befunde werden kaum mehr diskutiert.

Zu diesen gegenteiligen Befunden gehört zum Beispiel der »Tycoon-Faktor«, den das britische Beratungsunternehmen »Oliver Wyman & Company« untersucht hatte. Ergebnis: Je prominenter der CEO, desto schlechter die Performance des Unternehmens. Zu einem ähnlichen Ergebnis war bereits der amerikanische Autor Jim Collins gekommen. Er hatte die Auftritte der CEOs von rund 1.500 Unternehmen analysiert und kam zu dem verblüffenden Schluss: Je häufiger der CEO vor der Kamera steht, desto schlechter ist die Unternehmensleistung (Gillies 2002).

Je intensiver wir uns also mit Personal Branding beschäftigen, auf desto mehr Ungereimtheiten stoßen wir. Weil ich in der Praxis und während meiner Recherche auf derartig viele Falschaussagen und Missverständnisse zum Thema gestoßen bin, habe ich mich zu einem Sonderkapitel entschlossen, das sich nur darauf fokussiert, was Unicorn Branding ist. Und was es nicht ist.

FAZIT

1. **Für die Silver-Babyboomer hat sich der Wind gedreht.** Es sind nicht mehr die Unternehmen, die sich um Talente streiten. Es sind die Talente, die sich um die wenigen, interessanten Positionen streiten.

2. **Digitale Transformation plus Pandemie** – die Wirtschaft befindet sich in einer schwierigen Lage. Das verschärft die Situation am Arbeitsmarkt.

3. **Personal Branding is the New Normal:** Wer sich heute nicht mit einer eigenen Personenmarke sichtbar macht, ist im Rennen um Projekte und Positionen schon vor dem Startschuss ausgeschieden.

4. **Ihre Brand Performance lässt sich aus drei Perspektiven sichtbar machen:** Leistung, Haltung, Charisma.

5. Die **Boulevardisierung** der Medien, **Emotionalisierung** der Marken und **Personifizierung** in Unternehmen haben, befeuert durch den Druckkessel der Finanzmärkte, ein **charismafixiertes Starsystem** in den Top-Etagen der Wirtschaft begünstigt.

Personal Branding: 12 MYTHEN

III.

WAS UNICORN BRANDING IST. UND WAS NICHT.

Sie erinnern sich an meine eigene Brand, die ich im Vorwort scherzhaft ein Crossover zwischen Prada- und Pommestüte genannt habe. Der in der Marke angelegte Bruch mag zwar faszinierend sein – löst aber per se noch keine Anziehungskraft aus. Der Grund, warum Kandidaten zum Hörer greifen, ist mein umfassendes Nutzenversprechen: von Executive Search und Executive Advisory über Out- und Newplacement, Career Counseling, Executive Leadership Coaching und Branding bis hin zu meinem Angebot für Sie, sich auf exklusiven digitalen und realen »Bühnen« wie dem »Top Company Guide« und dem »Business Talk« zu zeigen.

Weil das nicht nur ein Versprechen ist, sondern eine vielfach bewiesene Leistung für Sie, funktioniert die Marke. Darauf will ich hinaus: Eine Personal Brand funktioniert dann, wenn sie für den Kunden funktioniert. Und für den Kunden funktioniert die Brand dann, wenn das Leistungsversprechen eingehalten wird.

Eine Personal Brand ist weniger eine »Essenz«, sie ist vor allem ein Netzwerkeffekt.

Weil in der Praxis und in der Literatur derartig viele Missverständnisse rund um Personal Branding kursieren, möchte ich in diesem Kapitel genauer beschreiben, was es ist – und was es nicht ist:

- Unicorn Branding ist für Kunden gedacht. Nicht fürs Ego.
- Unicorn Branding schafft Nähe. Keine Exklusivität.
- Unicorn Branding heißt Fokus. Nicht Fake.
- Unicorn Branding ist Businesstheater. Keine Therapie.
- Unicorn Branding ist ein Wirtschaftsfaktor. Kein Hobby.

Unicorn Branding ist für Kunden gedacht. Nicht für das eigene Ego.

Eine weit verbreitete Fehlannahme zum Thema Personal Branding besteht darin, ausschließlich nach »innen« schauen zu wollen: auf die eigenen Werte, die Passionen, auf Lifestyle und Rollen, auf Hobbys und Erfahrungen. Falsch ist das nicht. Es ist sogar wesentlich, die eigenen Wertmaßstäbe und Bedürfnisse zu kennen. Es ist ausgesprochen hilfreich, die eigenen Persönlichkeitsstrukturen im Hinblick auf den eigenen Markenkern herauszuarbeiten, denn nur so wird eine authentische Markenwirkung überhaupt möglich.

Aber das ist nicht einmal die halbe Miete. Wer nur nach innen blickt, der verhält sich wie ein Auto mit durchdrehenden Reifen. Viel Getöse, keine Bewegung nach vorn. Erst, wenn Sie Ihre Aufmerksamkeit von sich selbst abwenden und sich auf diejenigen Personen oder Organisationen konzentrieren, mit denen Sie ins Geschäft kommen wollen, bewegen Sie sich nach vorn. Und erst dann werden Sie für andere interessant. Das hat David Alan Mamet, US-amerikanischer Dramatiker, Drehbuchautor, Filmregisseur, Produzent und Autor, sehr gut auf den Punkt gebracht [Mamet 2001, 147]:

> *»Der Mensch, der seine Aufmerksamkeit auf die Außenwelt richtet, wird vielfältig und provokativ. Der Mensch, der bemüht ist, vielfältig und provokativ zu werden, ist stumpf und unbeweglich.«*

Sie alle kennen die Typen, die in Meetings oder auf Konferenzen verzweifelt aufzufallen versuchen, dabei aber statt Bewunderung nur Fremdscham auslösen. Dahinter steckt ein falsches Verständnis des Business-Universums.

Das Gravitationszentrum Ihres ganz persönlichen Business-Universums sind nicht Sie selbst. Ihre Kunden drehen sich nicht naturgesetzmäßig um Sie. Es sind auch nicht Ihre Mitbewerber, und deshalb ist es wenig sinnvoll, wenn Sie sich auf der Suche nach Ihrer Unique Selling Proposition [USP] ausschließlich darauf konzentrieren, anders zu sein als der Wettbewerb. Ihr Alleinstellungsmerkmal ist nicht Ihr Gravitationszentrum.

Gravitationszentrum Ihres Universums ist Ihr Kunde.

Um diesen Kunden kreisen Sie, und auch Ihre Mitbewerber kreisen um dieses Zentrum. Die Herausforderung besteht darin, möglichst nah an das Gravitationszentrum heranzurücken. Das gelingt, wenn Sie herausfinden, was Ihren Kunden antreibt. Was sind seine Ambitionen? Wo liegen seine Schmerzpunkte? Wenn Ihr USP Ihren Kunden an diesen

Punkten abholt, interessiert und weiterbringt, erst dann haben Sie gewonnen.

Dazu ein Beispiel aus der Technikwelt. Apple zeigte in seiner frühen Markenwerbung vor allem Produkte. Hübsch. Aber nicht überzeugend. Dann verstand Apple, dass der Kunde nicht vor allem geniale Produkte sehen, sondern viel lieber sein eigenes Genie zeigen wollte. Das war der entscheidende Perspektivwechsel. Fortan verzichtete Apple darauf, in seinen Markenstorys die eigenen Geräte zum Gravitationszentrum zu machen, und setzte den Kunden mit seinen geheimen Träumen (»Ich bin ein Genie«) und Alpträumen (»Niemand bemerkt, dass ich ein Genie bin!«) an diese Stelle. (Miller 2017, 18)

Das heißt für Sie: Es ist gut und schön, wenn Sie Ihre eigenen Träume, Wünsche und Bedürfnisse klar sehen. Erfolgreich wird Ihre Unicorn Brand aber erst, wenn Sie die verborgenen Antriebe Ihrer Kunden verstanden haben.

Weil diese Antriebe so unterschiedlich sind – der Eine erhofft sich durch die Zusammenarbeit mit Ihnen mehr Reputation, der Nächste mehr Sicherheit, der Dritte Wohlstand, der Vierte vielleicht Erkenntnis –, können Sie als Personenmarke von unterschiedlichen Kunden tatsächlich unterschiedlich wahrgenommen werden.

Und deshalb macht im Personal Branding nicht allein Ihre Inszenierung den Unterschied, sondern Ihre Interaktion. Dieser Punkt wird viele von Ihnen überraschen – denn er stellt ein bis dato wichtiges Karriereprinzip auf den Kopf.

Unicorn Branding schafft Nähe. Keine Exklusivität.

Konzernkarrieren waren in den vergangenen Dekaden verbunden mit einer zunehmenden Distanzierung: Im Konzern rückte man Stockwerk um Stockwerk nach oben, in der Kantine saß man am runden Extratisch, weit weg vom »Fußvolk«, im Flugzeug per Kunstfasergardine getrennt vom Gewimmel der Ferienflugfamilien. Dann kam Social Media, und damit wurde genau das Gegenteil wichtig: Nähe zeigen. VW-Chef Herbert Diess zeigte jüngst, wie das funktioniert: Bei der Vorstellung des neuen elektrischen VW ID.3 Modells stellt Herbert Diess keine Pressemeldung vor, sondern meldet sich mit seiner Tochter von einer Testfahrt aus dem Italienurlaub. Auf LinkedIn führte er Tagebuch über seine Eindrücke. Zwar publizierte Diess erwartungsgemäß keine Kritik. Dennoch schienen die Anmerkungen eines so hochrangigen Verantwortlichen so interessant, dass beispielsweise die »Wolfsburger Nachrichten« seine Erfahrungen und Schlussfolgerungen in Auszügen aufgriffen und im August 2020 veröffentlichten.

Je mehr CEOs sich auf Social Media zeigen, desto mehr erwarten Kunden, Mitarbeiter und Journalisten direkte Antworten von ihnen. Menschen »fordern von ihren eigenen Top-Führungskräften, dass sie sichtbar, nahbar und zugänglich sind«, schreibt Oxana Zeitler in ihrem Personal-Branding-Ratgeber (Zeitler 2020, 98).

»Denn in einer Welt, in der jeder die Beiträge von Tim Cook oder Bill Gates kommentieren und ebenso auch eine Antwort von ihnen erhalten kann, kann es sich niemand mehr leisten, ein Schattendasein im digitalen Universum zu fristen.«

Wer seine Unicorn Brand in Social Media ausspielt, der entscheidet sich für Nähe und Interaktion. Wie dies auf eine Personenmarke wirkt, haben Sunghee Jun von der südkoreanischen Seoul National University und Jisu Yi von der Sejong University kürzlich untersucht. Ihr Ergebnis: Je stärker die Follower mit einer Personal Brand interagieren, desto stärker die wahrgenommene Authentizität dieser Marke, was wiederum zu einer starken Markenbindung führt. Außerdem steht die Interaktion über Social Media in direktem Zusammenhang mit dem Markenvertrauen, was wiederum die Markenloyalität der Follower erhöht. (Jun/Yi 2020) Fazit: Wer Nähe zulässt und über Social Media interagiert, macht seine Marke stärker.

Auf welche Schlüsselelemente es in der Interaktion zwischen Influencer und Follower ankommt, zeigte eine Forschergruppe um Brian J. Taillon von der East Carolina University (USA). Ergebnis: Nähe (»closeness«), Attraktivität, Sympathie und Ähnlichkeit zwischen Influencer und Follower. Interessant ist die moderierende Rolle des Faktors Nähe: Bei mangelnder Attraktivität oder Sympathie eines Influencers gleicht an Mehr an Nähe mögliche Nachteile aus. Was ganz konkret für Sie heißt: Auch wenn Sie nicht ganz so aussehen wie Ronaldo oder nicht ganz so sympathisch sind wie Satya Nadella, begeistern Sie Follower von Ihrer Marke, wenn Sie Interaktion ermöglichen. (Taillon et al. 2020)

Noch einmal das Fazit: Im Personal Branding macht nicht allein Ihre Inszenierung den Unterschied, sondern Ihre Interaktion. Interaktion lässt Sie authentisch wirken. Nächste Erkenntnis:

Unicorn Branding heißt Fokus. Nicht Fake.

Damit sind wir bei einer wichtigen Frage angelangt: Was heißt eigentlich »authentisch«? Ich hole etwas aus:

Personal Branding kämpft genau wie das Branding von Services mit »intangibility« (Nichtgreifbarkeit). Kunden nehmen den Kauf einer nicht anfassbaren Ware immer als riskant wahr und sind deshalb grundsätzlich wenig geneigt, eine alte Marke aufzugeben oder eine neue zu testen. Was für Marketingstrategen heißt: Nicht berührbare Brands müssen Kunden über andere Wege berühren: Storys, Qualitätssiegel, Awards. Und was für Personal Branding heißt:

Es bleibt Ihnen nichts anderes übrig, als Berührbarkeit herzustellen über Authentizitätsstrategien. Diese Strategien beziehen sich darauf, Ihre Brand möglichst glaubhaft so darzustellen, dass sie bei genau den Personen gut ankommt, die Sie ansprechen möchten. Sie beziehen sich – Achtung! – nicht darauf, Ihre wie auch immer geartete »Essenz« ungefiltert oder gar urschreitherapiemäßig in die Welt zu brüllen. Ein solches Verhalten wäre nicht einmal »authentisch«, weil Sie sich »in echt« so niemals verhalten, es wäre lediglich unzivilisiert.

Richtig verstandene Authentizitätsstrategien rund um Ihre Personal Brand müssen zwangsläufig den Fokus auf das richten, was Sie sind. Denn anders als der Marketingchef einer Getränkedose können Sie Ihre Personenmarke nicht von Grund auf neu erfinden. Sie haben Ihre typische Physis, Sie haben Ihre Vergangenheit, Ihre Persönlichkeit, vielleicht eine besondere Mission oder Ambition. Das alles ist schon da. Das können Sie nicht weg-designen. Und wenn Sie es trotzdem tun, wird bestenfalls ein Fake-Image herauskommen, das sich im Reality TV oder in Talentshows verkaufen lässt, wahrscheinlich aber keine »Marke Ich«, mit der Sie sich authentisch fühlen. Authentisch im Sinne von »stimmig«.

Der Fokus auf Authentizität, das zeigten die oben zitierten Studien, macht eine Personenmarke stark. Einem Forscherteam um Julie Guidry Moulard von der Louisiana Tech University (Moulard 2021) ist es gelungen, den im Personal Branding recht schwammig definierten Begriff »Authentiztität« in ein konkretes Konzept zu fassen. Das Team unterscheidet drei Typen von Authentizität:

- **True-to-Ideal-Authentizität** nimmt ein Kunde dann wahr, wenn die dargestellten Ideale einer Personal Brand mit sozial anerkannten Idealen übereinstimmen. Betrug zum Beispiel gehört nicht zu den sozial anerkannten Idealen – das machte es den in den Dieselskandal verwickelten Personen so schwer, ihre Personenmarken zu retten.

- **True-to-Fact-Authentizität** nimmt ein Kunde dann wahr, wenn die dargestellten Leistungen einer Personal Brand mit tatsächlich messbaren Leistungen übereinstimmen. Das ist der Grund, warum die Personenmarken der Autoren von plagiierten oder im Darknet bestellten Dissertationen Schaden nimmt, sobald der Betrug auffliegt.

- **True-to-Self-Authentizität** nimmt ein Kunde dann wahr, wenn die intrinsische Motivation einer Personenmarke mit ihren extrinsischen Motivationen übereinstimmt. Hier findet sich häufig eine Sollbruchstelle in Sachen Authentizität: Sobald sich ein High Performer dabei erwischen lässt, dass er statt aus Verantwortung aus Geldgier gehandelt hat, ist es mit dem sauberen Markenimage vorbei. Stichwort Thomas Middelhoff.

Damit haben wir eine genauere Definition von »stimmig«. Authentisch wirkt Ihre Marke dann, wenn Ihre Markeninszenierung mit den passenden Idealen übereinstimmt, wenn sie mit belegbaren Fakten übereinstimmt und wenn die von Ihnen dargestellte Motivation dem entspricht, was Sie wirklich antreibt.

Wie gesagt: Nur mit Ihrem witzigen Branding locken Sie niemanden hinter dem Ofen hervor. Man erwartet von Ihnen einen substanziellen, einen stimmigen Beitrag. Nach Moulard, siehe oben: Ideale, Leistung, Motivation – was mit unseren im vorigen Kapitel eingeführten Parametern Haltung, Leistung und Charisma praktisch identisch ist. Darauf sollte der Fokus Ihrer Marke gerichtet sein. Ein wenig Politur mag hier und da notwendig sein – aber Fake ist bestenfalls Showbiz und schlimmstenfalls Betrug. Betrug schadet der Authentizität und zerstört Ihre Personal Brand.

Auf LinkedIn können Sie die Selbstverbrennung diverser Personenmarken quasi live beobachten. Beispiel: Auf einen von mir auf LinkedIn publizierten Kommentar zu einem Leadership-Thema meldete sich eine Dame mit der Behauptung, sie verfüge über reale Erfahrungen in der Zusammenarbeit mit bestimmten Top-Führungskräften, gab unter Verweis auf Verschwiegenheitspflichten aber keine weiteren Informationen preis. Zudem diskreditierte sie andere Kommentatoren mit dem Vorwurf, diese verfügten nicht über C-Level-Erfahrungen. Ein kurzer Blick auf ihr Profil zeigte ein, höflich gesagt, uneinheitliches Bild. Bei mir persönlich entstand zunächst die Assoziation »Hochstaplerin«. Erst eine genauere Recherche brachte ans Licht, dass die Kommentatorin in einer früheren Karrierephase durchaus selbst in einer C-Level-Position tätig war. Nur: Wer nimmt sich die Zeit, ein durch ungeschickte Kommunikation entstandenes, schräges Markenbild durch intensive Recherche geradezurücken? Hat sich der Eindruck »Fake« einmal festgesetzt, lässt er sich kaum mehr korrigieren. Was für Ihr Branding heißt: Immer auf den Punkt, immer relevant, immer eloquent, immer wertschätzend kommunizieren.

Gerade der letzte Punkt – Wertschätzung – macht den entscheidenden Unterschied: Meinem Eindruck nach greifen vor allem semiprofessionelle Berater, Coaches und Mentoren zu einem aggressiven Tonfall in der Annahme, dieser gehöre zum C-Level-Habitus. Ein Mehr an Verbalkrawall und Schaumschlägerei gleicht einen Mangel an Markensubstanz jedoch nicht aus. Im Gegenteil zerstört ein solches Gehabe auch noch das Wenige, für das eine solche Marke stehen könnte. Sie werden kaum eine ernstzunehmende Führungskraft erleben, die sich via Social Media in Häme ergeht. Häme ist schlechter Stil. Noch einmal:

Was positiv auf die Marke einzahlt, sind Präzision, Relevanz, Eloquenz und Wertschätzung anderen gegenüber.

Deshalb: Sie brauchen Ihre Personal Brand weder zu erfinden noch aufzublasen und erst recht nicht aggressiv gegen imaginäre Angreifer zu verteidigen. Sie müssen die *Substanz* Ihrer Brand finden und auf den Punkt bringen. Fokus statt Fake.

Unicorn Branding ist Businesstheater. Keine Therapie.

Es ist eine Sache, eine authentische Brand zu entwickeln, die im Markt Anschluss findet und Aufmerksamkeit gewinnt. Fokus: außen. Es ist eine andere Sache, die eigene Persönlichkeit zu entwickeln, die zu innerer Stimmigkeit führt und zu einem Plus an Achtsamkeit. Fokus: innen.

Personal Branding und Persönlichkeit müssen so zusammenpassen, dass eine authentische Wirkung entsteht. Und jetzt kommt die vielleicht überraschende Ergänzung: Mehr aber auch nicht! Man kann sich mit der Personal Brand »Europas Batterie-Experte Nummer 1« sehr viel leidenschaftlicher für E-Gitarren interessieren als für E-Mobilität. Für den Markterfolg spielt das keine Rolle. Mehr noch: Es wäre kontraproduktiv, das so zu kommunizieren.

Die Entwicklung Ihrer Personal Brand und die Entwicklung Ihrer Persönlichkeit sind zwei unterschiedliche Baustellen. Die meisten Publikationen zum Thema Personal Branding trennen diese beiden Aspekte nicht – und mehr noch: Sie versprechen einen positiven Effekt auf Ihre Persönlichkeit, wenn Sie sich mit Ihrem Branding beschäftigen. Das ist nicht nur ungenau, das ist ein geradezu irreführendes Versprechen. Lassen Sie mich die beiden Aspekte aufdröseln:

Personal Branding ist Differenzierung und Dramatisierung Ihrer Persona (von lat. Maske, Rolle, Charakter eines Schauspielers). Ihr Ziel besteht darin, eine zukunftsfähige Brand zu entwerfen und darzustellen. Aufmerksamkeit zu erregen. Ihr Ort sind die unternehmensinternen und -externen Bühnen: Meetings, Konferenzen, Social Media. Ihr Fokus ist Ihr Nutzen für Ihre aktuellen und potenziellen Geschäftspartner. Ihre Geheimwaffe ist das Wissen um die verborgenen Pain Points der Kunden.

Persönlichkeitsentwicklung dagegen ist die Auseinandersetzung mit dem inneren Drama. Ihr Ziel besteht darin, eigene Bedürfnisse, Sehnsüchte, Emotionen, Eigenarten, Fragen [wieder] wahrzunehmen. Ort dieser Entwicklung ist Ihr »Innenleben«. Ihr Fokus liegt auf Selbstentfaltung, Selbstausdruck, Selbstwirksamkeit. Ihre Geheimwaffe haben Sie dann, wenn Sie Ihre eigenen Pain Points gefunden haben und diese auf eine konstruktive Weise für sich und andere produktiv machen.

Wir haben es also mit zwei unterschiedlichen Entwicklungsfeldern zu tun: Persona und Persönlichkeit. Ihre Persona ist Ihre professionelle »Maske«, Ihre Schnittstelle. Resonanz findet immer vermittelt über diese Schnittstelle statt. Und Personal Branding kümmert sich um genau diese Schnittstelle.

Wenn in der Persönlichkeitsentwicklung klar wird, dass Ihre Selbstwahrnehmung [»Ich bin immer cool, ein harter Typ«] für Ihre seelische Gesundheit kontraproduktiv ist, ist das die eine Seite. Ob und wie man diese Erkenntnis in der Interaktion bzw. im Personal Branding umsetzt, steht auf einem anderen Blatt.

Es ist sicherlich sinnvoll, sich um beide Baustellen zu kümmern. Aber es ist absolut notwendig, diese zu trennen. Was passieren kann, wenn wir diese Baustellen nicht trennen, bringt der Münchner Organisationsberater und Coach Klaus Eidenschink auf den Punkt [Eidenschink 2020/1]:

> *»Diese beiden Fähigkeiten – Unerwünschtes unterdrücken und Erwünschtes designen – kann man nun ein Leben lang für Veränderungen nutzen. Der Nachteil dieser Veränderungsstrategien ist jedoch, dass man beim Unterdrücken sich selbst verstümmelt und beim Designen ein Ideal von sich produziert. In beiden Fällen lebt man nicht mehr sich selbst und kann sich daher auch nicht mehr lieben – sondern nur noch toll finden oder ein Leben lang an sich herummäkeln.«*

Eidenschink geht noch weiter, wenn er eine von der eigenen Persönlichkeit abgekoppelte Selbstoptimierung als »unauffällige und besonders infame Form der Selbstdestruktivität« beschreibt.

Wichtig: Niemand muss Persönlichkeitsentwicklung betreiben. Jeder kann sich dafür entscheiden, sich ausschließlich mit Personal Branding zu befassen. Er muss sich dann aber bewusst sein, dass die im Branding-Workshop entwickelte Persona nicht seine Persönlichkeit, sondern eine Marke ist – nicht weniger, aber auch nicht mehr.

Die Kunst besteht darin, so meine ich, eine Verbindung zwischen beiden Entwicklungsfeldern zu schaffen. Denn nur, wenn Persönlichkeit und Personal Brand zusammenpassen, klappt es mit der Glaubwürdigkeit. Und nur, wenn die Glaubwürdigkeit stimmt, stellt sich am Markt Wirkung ein. Und das ist es doch, worum es beim Personal Branding geht. Erfolg am Markt. Damit sind wir bei der nächsten Frage: Welcher Markt eigentlich?

Unicorn Branding ist ein Wirtschaftsfaktor. Kein Hobby.

Unicorn Brands sind auf unterschiedlichen Märkten gleich wirksam.

Kapitalmarkt: Vor allem Elon Musk ist dafür berühmt und berüchtigt, den Börsenwert seines Unternehmens via Twitter zu befeuern – mit positiven und negativen Auswirkungen. Sein Tweet, die Tesla Aktie würde zu hoch gehandelt, hatte ihm Ärger mit der US-amerikanischen Börsenaufsicht SEC eingebracht. Unvergessen auch die unbedachte Ankündigung von Musk aus dem Jahr 2018, den E-Autobauer von der Börse zu nehmen. Es waren nur 61 Zeichen auf Twitter, und es waren ziemlich teure Zeichen. Die Börsenaufsicht verklagte Musk wegen Marktmanipulation und belegte ihn mit einer Strafe von 20 Millionen Dollar. Kommentar Musk via Twitter: »Worth it«.

Absatzmarkt: Noch einmal Musk: Regelmäßig twittert der Tesla-CEO Preisnachlässe oder technologische Durchbrüche, woraufhin genauso regelmäßig die Zahl der Tesla-Bestellungen steigt.

Meinungsmarkt: VW-CEO Diess zum Beispiel kommunizierte im Februar 2020 auf LinkedIn eine polarisierende Meinung zur Energiewende: Den Kohleausstieg hält er für mutlos und fügt gleich an, dass VW ab 2022 zwei Kohlekraftwerke durch Gas-Dampfturbinen ersetzen wird. Mit einer Sympathiebekundung an die »Fridays for Future«-Bewegung setzt Diess ein deutliches Zeichen, mit dem er sich von der Haltung anderer Automotive-CEOs differenziert.

Als starker Meinungsmann bekannt ist und war auch Joe Kæser, unterstreicht die Nachrichtenseite n-tv (Rührmair 2020):

> *»Kaum ein Chef eines DAX-Konzerns twittert so politisch. Er nimmt die Bundeskanzlerin gegen Kritik in Schutz, positioniert sich deutlich gegen Rechtsextremismus und Antisemitismus. Dieses Engagement hat Kæser auch Ärger eingebracht. 2019 erhielt er eine Morddrohung, die der streitbare Manager auf Twitter mit den Worten ›der Teufel hat jetzt auch E-Mail‹ öffentlich machte.«*

Seine starke Haltung brachte ihm Respekt von vielen Seiten ein, nicht zuletzt von der Gewerkschaft IG Metall. So konstatierte Jürgen Kerner, der für die Gewerkschaft im Aufsichtsrat sitzt, gegenüber n-tv: »Sein Engagement gegen jegliche Form von Diskriminierung, Ausgrenzung, Hass und Nationalismus bei Siemens und in der Gesellschaft unterstützen und teilen wir.«

Arbeitsmarkt: Je besser eine Position dotiert ist, desto eher handelt es sich um einen verkappten Schleudersitz. Die hohe Unsicherheit der auf Spitzenpositionen platzierten Führungskräfte geht mit einer Mentalität des »always-on-the-job-market« einher – und genau das ist die treibende Kraft hinter Personal Branding. Eine eigene Marke zu sein, wird vor allem für die Kandidaten zur Pflichtübung, die auf der Suche nach einer neuen Position oder nach einer Second Career sind. Aber auch für diejenigen, die ihre aktuelle Position erfolgreich verteidigen wollen.

Jenna Jacobson von der Ryerson Universität Toronto, Kanada, hat drei Jahre lang Social-Media-Manager beobachtet und befragt, um exemplarisch zu zeigen, wie diese ihr eigenes Personal Branding strukturieren. Zwei interessante Ergebnisse. Erstens: Die Teilnehmer befanden sich zwar alle in einer festen Anstellung, verhielten sich aber wie Player in einem »always-on-the-job-market« – waren also permanent darauf gefasst, sich eine neue Position suchen zu müssen oder dies aus freien Stücken tun zu wollen.

Die zweite Erkenntnis bezieht sich auf die angesprochenen Publika. Jacobsen fand heraus, dass die Teilnehmer ihr tatsächliches Publikum (»actual audience«) ansprachen und darüber hinaus ein imaginäres Publikum (»imagined audience«) – also eines, das die eigenen Werte, Ziele und Interessen teilen könnte. Spannend ist das dritte Publikum, das die Forscherin entdeckte: ein zukünftiges Publikum (»future audience«). Damit sind potenzielle, zukünftige Arbeitgeber gemeint, für die die Teilnehmer mehr oder weniger bewusst eine »professionelle Identität« kuratierten – ihre Personal Brand (Jacobson 2020). Der Arbeitsmarkt ist heute ein Reputationsmarkt.

Anzeigenmarkt: Schauen mehrere Zehntausend User das Video eines CEOs, verrechnet man diese Zahl mit den Cost-per-View-Faktoren der jeweiligen Plattformen und dieses Ergebnis dann auf ein Jahreswerbebudget hoch, ergeben sich schnell schwindelerregende Summen. Diese Summen eignen sich gut für die Verkaufsargumentation von CEO-Marketingagenturen, können aber, wenn überhaupt, nur für die Stars unter den CEO-Influencern als realistisch gelten. Immerhin: Aufgrund Musks starker Personenmarke, massenwirksamer Aktivitäten via Social Media und den damit verbundenen Erfolgen im Word-of-Mouth-Marketing verzichtet Tesla komplett auf konventionelles Marketing. Bisher erfolgreich.

Personal Brands können also am Kapitalmarkt, am Absatzmarkt, am Meinungsmarkt, am Arbeitsmarkt und am Anzeigenmarkt eine Eigendynamik entwickeln, die sich in barer Münze auszahlt. Bei guter Markenentwicklung entsteht daraus eine dynamische Positiventwicklung: Gut bewerteten Personenmarken eilt ihr guter Ruf voraus, (potenzielle) Geschäftspartner rechnen schon im Voraus mit einer hohen Leistungsfähigkeit, einer starken Haltung und überzeugendem Charisma, sie bieten immer bessere Konditionen, immer höhere Preise an in ihren Versuchen, das besondere Einhorn für sich zu gewinnen. Im Idealfall entpuppen sich Unicorns jedenfalls als eng verwandt mit einer nicht weniger magischen Spezies: Goldesel.

Damit haben wir hoffentlich mehr Klarheit über das gewonnen, was Personal Branding ist und was es nicht ist. Und jetzt stehen Sie vor der entscheidenden Frage: Wie entwickeln Sie nun für sich selbst eine Brand,

- die für Ihr Zielpublikum gedacht ist, aber auch zu Ihnen passt?
- die Nähe schafft und damit Authentizität?
- die sich auf diese Authentizität fokussiert, ohne in die Fake-Falle zu tappen?
- die Personal Branding und Persönlichkeitsentwicklung sinnvoll trennt – und aufeinander bezieht?
- und die Ihnen letztendlich auch wirtschaftlichen Erfolg beschert?

Bevor wir mit Ihrem persönlichen Branding beginnen, hier noch einige kurze Überlegungen zu Ihrem Unicorn Branding.

FAZIT

1. **Gravitationszentrum** Ihrer Unicorn Brand **ist Ihr Kunde** – und nicht Ihr Ego. Konsequente Kundenorientierung ist erfolgsentscheidend, wenn es um die Vermarktung der eigenen Marke geht. An diesem Punkt schlägt die Egozentrik-Falle allerdings besonders gerne zu.

2. **Wichtigste Markenstrategie** Ihrer Unicorn Brand ist **Interaktion** – nicht Abgrenzung. Wer im Laufe seiner Karriere nach immer mehr Exklusivität suchte, muss hier radikal umdenken.

3. **Erfolgsentscheidend ist die Authentizität** Ihrer Unicorn Brand. Dazu muss Ihre Markeninszenierung mit den zu Ihrer Position passenden **Idealen** übereinstimmen, Ihre Performance muss mit **Fakten** belegbar sein und die gezeigte **Motivation** dem entsprechen, was Sie wirklich antreibt.

4. **Personenmarke ist nicht Persönlichkeit!** Unicorn Branding ist die markenstrategische Differenzierung und Dramatisierung Ihrer Persona. Persönlichkeitsentwicklung ist die reflexive Auseinandersetzung mit Ihrem inneren Drama. Beides kann gleichzeitig stattfinden – ist aber nicht das Gleiche.

5. **Erfolgreiche Unicorn Brands sind auf vielen Märkten zugleich erfolgreich:** am Kapitalmarkt, am Absatzmarkt, am Meinungsmarkt, am Arbeitsmarkt und auch am Anzeigenmarkt.

IV.

DAS UNICORN-MARKEN-STEUERRAD

Ob Ihnen Ihre Personal Brand ein gutes Reputationsplus bringt, hängt nur wenig davon ab, wie gut Ihnen Ihre Marke gefällt. Der Erfolg Ihrer Brand ist eine Frage der Resonanz Ihres Publikums. Deshalb richtet sich der Fokus der folgenden Kapitel genau auf den Punkt, an dem etliche Personal Branding Ansätze ihren blinden Fleck kultivieren: auf Ihr Zielpublikum. Gemeint sind je nach Ziel Ihrer Brand zum Beispiel

- Personaler
- Mitarbeiter
- Bewerber
- Geschäftspartner
- Investoren
- Endkunden
- Journalisten
- Headhunter
- Interessengruppen im öffentlichen Diskurs
- freundschaftlich verbundene Personen

Sie haben in Ihren Unternehmen sicherlich längst über »Customer Centricity« diskutiert. Das heißt, über eine konsequente Kundenorientierung in Vertrieb und Marketing, die den Kunden und nicht das Produkt in den Mittelpunkt des Interesses rückt. Dieser Fokus gilt auch für Ihr Personal Branding: So fabelhaft Sie sich selbst und Ihre Brand auch immer finden mögen – der Fokus Ihrer Markenstory sind nicht Sie. Es ist Ihr Zielpublikum. Der »New York Times« Bestseller-Autor Donald Miller brachte dies in seinem Buch »Building a Story Brand: Clarify Your Message So Customers Will Listen« klar auf den Punkt (Miller 2017, 77):

> *»Always position your customer as the hero and your brand as the guide. Always. If you don't, you will die.«*

Wenn wir im Folgenden also die zentralen Merkmale Ihres Markenkerns herausarbeiten, die zentralen Merkmale Ihrer Markenzeichen und die Rahmenbedingungen Ihrer wichtigsten Bühnen, dann immer unter Einbeziehung dieser Außenperspektive. Dabei ist folgender Punkt wesentlich:

Ihr Markenkern entsteht an der Schnittstelle zwischen Ihrem eigenen »Selbstbild« und dem »Fremdbild« im Kundenkopf.

Was also ist Ihr Markenkern? Anders als Personal Branding Expertinnen wie Tijen Onaran (»Nur wer sichtbar ist, findet auch statt«, Goldmann 2020) kolportieren, geht es bei Ihrem Markenkern nicht nur um »Tonalität und Resonanz«, es geht nicht nur um »Emotionalisierung«. Ein hochkarätiger Automobilhersteller wird Ihnen niemals nur deshalb einen lukrativen Posten anbieten, weil – frei nach Onaran – irgendwo ein Personaler sagt: »Diese Brand, die macht was mit mir.« (vgl. Onaran 2020, 41) Ihr Markenkern dreht sich auch nicht nur um Ihre »Werte« oder Ihre »Persönlichkeit«. Diese Faktoren zahlen eher, wenn Sie so wollen, auf Ihre Brand Identity ein. Damit allein kommen Sie aber keinen Schritt weiter. Es ist zwar richtig, dass gelungene Selbstdarstellung aufgerückt ist in den Katalog der wichtigsten Kernkompetenzen eines Senior High Performers. Trotzdem müssen Sie am Ende des Tages mit Leistung überzeugen. Sie müssen Nutzen bringen.

Dimensionen Ihres Unicorn Branding

Wenn es um Ihren Markennutzen geht, bleiben wir deshalb bei dem Faktor *Leistung*, den wir schon dingfest gemacht haben. Als Markenattribute setzen wir die oben bereits entwickelten Begriffe *Haltung* und *Charisma*.

Weil diese drei Faktoren per se nicht sichtbar sind, müssen Sie diese permanent sichtbar machen mit Beiträgen über Ihre Entscheidungen und Events, Awards, Empfehlungen und Co.

Sie müssen diese permanent positionieren über Ihren besonderen Markenstil – Name, Aussehen, Symbole und Zeichen. Und zur Aufführung bringen auf Markenbühnen: auf den internen Bühnen Ihres Unternehmens, auf externen Bühnen, auf privaten Bühnen und auf virtuellen Bühnen. Sie ahnen es: Social Media.

Social Media ist in der Tat ein wichtiges Instrument für die Markenpositionierung – aber es ist lediglich eines unter vielen. Meine Praxis zeigt, dass es ein synergetisches Zusammenwirken braucht von dem, was Sie ausmacht – Leistung, Haltung, Charisma –, und einem profunden Branchenverständnis hinsichtlich der hier üblichen und erfolgskritischen Markenstile und Markenbühnen. Was einen Verlags-CEO erfolgreich macht, das macht einen Pharma-CEO nicht zwingend erfolgreich, und einen Automotive-CEO erst recht nicht. Ich sage: Erst durch Abdecken aller genannten Dimensionen in Kombination mit den relevanten Erfahrungen eines Executive Coach kann ein Personal Branding erfolgreich sein. Denn wenn Ihre Marke erfolgreich sein soll, muss sie nicht nur bunt vertwittert werden, sondern tatsächlich belastbar, belegbar und beweisbar sein.

An dieser Stelle bietet sich der Rückgriff auf ein Konzept des renommierten Markenexperten Franz-Rudolf Esch an: das Markensteuerrad [Esch 2010]. Vielen von Ihnen wird es bekannt sein. Vereinfacht gesagt, stehen im Original auf der linken Seite des Rades alle Fragen nach dem *Inhalt* einer Marke [Markennutzen, Markenattribute] und auf der rechten Seite alle Fragen nach der *Form* einer Marke [Markentonalität, Markenbild]. Verknüpfen wir nun die hier entwickelten Begriffe mit dem Markensteuerrad nach Esch, ergibt sich für Sie folgendes Modell:

Wie steuere ich meine Unicorn Brand?

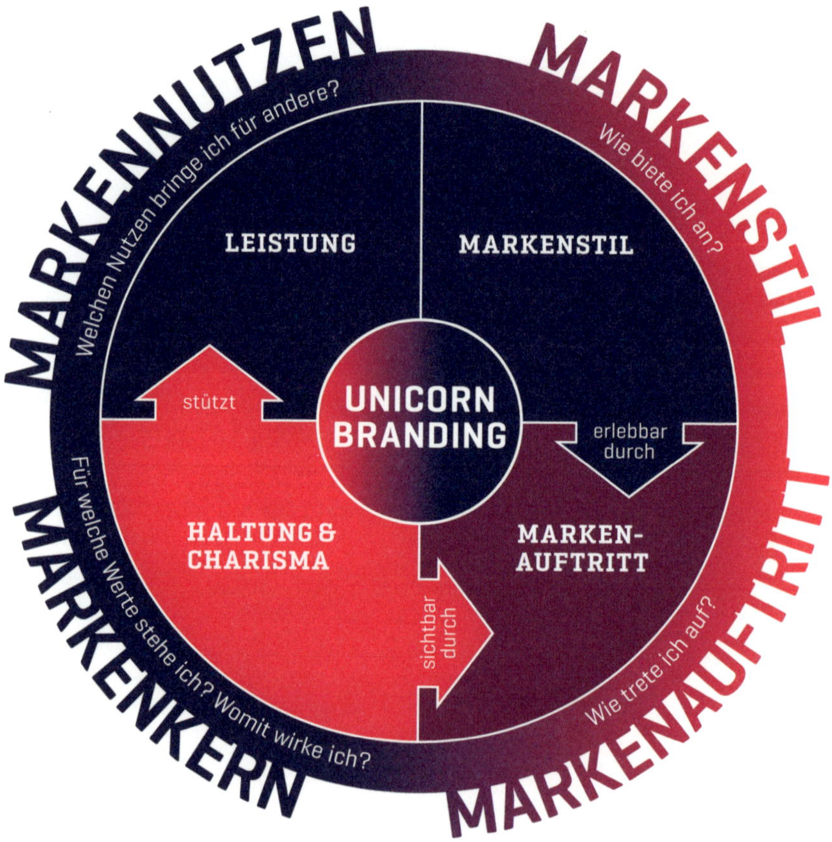

LEISTUNG
- Mantra
- Rolle
- Performance

MARKENSTIL
- Kleidungsstil
- Logo / Porträt
- Körpersprache
- Markenname

MARKENAUFTRITT
- Virtuelle Bühnen
- Professionelle Bühnen
- Private Bühnen
- Kommunikation
- Zielpublikum

HALTUNG
- Werte
- Empfehlungen
- Engagement

CHARISMA
- Symbole
- Eigenschaften
- Leidenschaften

Hier eine Vorschau auf die wichtigsten Punkte, mit denen wir uns in den kommenden Kapiteln auseinandersetzen werden.

KAPITEL V: UNICORN-MARKENKERN

- **Leistung: Was bieten Sie Ihrem Zielpublikum an?**

  - Welches *Mantra* bringt Ihre Leistung auf den Punkt?
  - Welche *Rolle* spielen Sie mit Ihrer Leistung für Ihre Kunden?
  - Mit welchen Zahlen und Fakten, Awards und Events können Sie Ihre *Performance* belegen?

- **Haltung: Für welche Werte stehen Sie?**

  - Wie sieht Ihr persönlicher *Werte*-Kompass aus?
  - Mit welchen persönlichen *Empfehlungen* oder Bewertungen unterstreichen Sie Ihre Haltung und Ihre Zugehörigkeit zu relevanten Netzwerken?
  - Mit welchen Events oder Storys können Sie Ihr *Engagement* für bestimmte sozialpolitische, geopolitische, ökonomische oder ökologische Werte belegen?

- **Charisma: Womit wirken Sie auf Ihre Kunden?**

  - Welche *Symbole* schaffen eine Verbindung zwischen dem, was Sie als Privatmensch ausmacht, und dem, was Sie als Profi auszeichnet?
  - Welche *Eigenschaften* machen Sie zu einer besonderen Personal Brand? Mit welchen Events oder Erlebnissen aus Ihrem privaten Umfeld oder aus Ihren persönlichen Tätigkeiten belegen Sie diese Eigenschaften?
  - Welche *Leidenschaften* zeichnen Sie aus? Mit welchen Hobbys, leidenschaftlich betriebenen Sammlungen, persönlichen Interessen, ureigenen Motivationen und Ambitionen gehen Sie durch Ihr Leben – was bewegt Sie und wie zeigt sich das in Ihrem Alltag?

KAPITEL VI: UNICORN-MARKENSTIL

- **Ihr Kleidungsstil:** Mit welchem Markenbild bleiben Sie im Gedächtnis Ihrer Kunden?
- **Ihr Logo:** Wie können Sie mit Ihrem Porträt für Ihre Marke stehen?
- **Körpersprache:** Mit welchen Gesten wirken Sie überzeugend?
- **Ihr Markenname:** Wie lässt sich Ihr Name markentauglich verändern, verkürzen oder verlängern?

KAPITEL VII: UNICORN-MARKENAUFTRITT

- **Professionelle Bühnen:** Wie inszenieren Sie Ihre Marke auf internen und externen Unternehmensbühnen und um welche Bühnen handelt es sich?
- **Private Bühnen:** Wie laden Sie markenwirksam in Ihre Privaträume ein?
- **Virtuelle Bühnen:** Welche Social-Media-Kanäle eignen sich für Ihre Markenkommunikation – und welche nicht?

KAPITEL VIII: UNICORN-MARKENKOMMUNIKATION

- **Inhalte:** Was ist der richtige »Content« für Ihre Bühnen?
- **Storytelling:** Wie machen Sie Ihre Unicorn-Storys spannend?
- **Kommunikationsstil:** Wie zahlen Sie mit Wiederholungen und Humor auf Ihre Marke ein?
- **Zielpublikum:** Wen wollen Sie dezidiert mit Ihrer Marke ansprechen?

Die Kunst des Targeting

Ihre Personenmarke wird Ihnen auf jeglicher Bühne das Leben leichter machen. Kurz und bündig zeigen Sie im persönlichen Gespräch oder über Ihr LinkedIn-Profil potenziellen Kunden, genauso aber auch den von Ihnen gerne übersehenen Zielgruppen Headhunter und Journalisten, was Sie können [Leistung], wofür Sie stehen [Haltung] und – ich überspitze absichtlich – wozu Sie auserwählt sind [Charisma].

Weil Sie so immer auch zeigen, was Sie nicht können, nicht sind und nicht wollen, befreien Sie sich gleichzeitig von den vielen unpassenden Anfragen, zu deren höflicher Beantwortung Sie erfahrungsgemäß keine Zeit und noch weniger Lust haben.

Mit Ihrer Brand sorgen Sie also für Klarheit. Das mag die absolute Zahl Ihrer möglichen »Follower« drücken – aber gerade das ist gut so. Beim Personal Branding geht es schließlich nicht darum, auf Teufel komm raus möglichst viel Aufmerksamkeit in allen Kanälen und bei allen Zielgruppen zu erreichen. Sondern die für Ihre Ziele genau richtigen Personen anzusprechen. Klasse statt Masse. Also lieber drei interessante, potenzielle Partner, die Ihnen konkretes Geschäft bringen, als 3.000 aufgepeitschte Follower, die Ihnen zwar jede Menge Medienwallung bescheren, aber keinen Cent Umsatz.

Genau aus diesem Grund geht es beim Finden der persönlichen Themen auch nicht darum, als zwanghafter »Vordenker« irgendwelche Thesen oder Prognosen aufzustellen, die so noch kein Mensch jemals gedacht hat. Eine gute Idee muss nicht zwingend eine besonders aufregende sein. Entscheidend ist, ob Sie tatsächlich für das Thema brennen, ob Sie authentisch dafür einstehen, ob Ihnen ein geschicktes Timing gelingt, ob Sie es professionell kommunizieren – und ob Ihre Themen für Ihre Zielgruppe relevant sind. Der Unterschied zwischen gutem und schlechtem Branding liegt in der Professionalität Ihrer Performance auf Ihren internen, externen und virtuellen Bühnen, und dabei ist »Vordenker-Content« nur einer von vielen erfolgskritischen Faktoren.

Haben Sie Ihr Zielpublikum und Ihre Brand mit Ihren Themen definiert, gilt es im Anschluss, mit jeder Ihrer Aktivitäten immer wieder auf Ihre Marke »einzuzahlen« – und zwar

- kontinuierlich,
- authentisch und
- glaubwürdig.

Denn nur so entsteht ein konsistentes Markenbild.

Was auf Ihr Markenbild einzahlt? Alles!

Wenn Sie sich als Senior High Performer derzeit um eine neue Position bemühen – also in der Kandidaten-Rolle auftreten –, betrifft die notwendige Markenkonformität Ihr persönliches Erscheinungsbild, Ihren gesamten Schriftverkehr und Ihre Bewerbungsunterlagen, Ihre Auftritte in Business-Netzwerken wie LinkedIn oder XING, Ihre Performance bei Konferenzen, in Vorstellungsgesprächen und Verhandlungen – und nicht zuletzt die in Ihren Videokonferenzen sichtbare Einrichtung Ihres Arbeitszimmers. Um es zu überspitzen: Ihre Bewerbung um eine C-Level-Position wird keine Chance haben, wenn Sie in Ihrem LinkedIn-Profil noch unter dem vorletzten Arbeitgeber firmieren, wenn Sie sich in Ihren E-Mails mit rudimentären Stilkenntnissen hervortun und sich dann per Zoom aus der Besenkammer melden. Klar. Wussten Sie.

C-Level-Manager profitieren von einem einheitlichen »Look and Feel« über alle unternehmensinternen und -externen Bühnen hinweg: Auftritte, Reden, Posts auf Social Media, Kommunikation, Führungsverhalten, Verhandlungen – im Idealfall kommt alles aus einem Guss. Jede E-Mail zählt. Es zählt eben auch, ob Sie im richtigen Restaurant essen, ob Sie lokale Vereine unterstützen, ob Sie mit den richtigen Journalisten zur richtigen Zeit über die richtigen Themen sprechen – in manchen Regionen zählt auch immer noch der Gang in die Kirche. Alles muss zusammenpassen.

In dieser Hinsicht interessant ist derzeit der LinkedIn-Auftritt des ehemaligen Adidas-Zukunftsdenkers Christian Kuhna, den Sie aus meinem Buch »High Performance: Die geheimen Karriere-Strategien für den Weg an die Spitze« (2017, 154 f.) bereits kennen. Ich zitiere noch einmal die treffende Beschreibung von Alexander Hagelüken (Süddeutsche Zeitung vom 25. Oktober 2016):

> *»Der Direktor hat kein Chefbüro, aber einen Totenkopfring am Mittelfinger. Christian Kuhna trägt keinen Anzug, aber eine gelbe Brille plus Trainingsjacke mit Aufnähern. Damit hebt sich der adidas-Mann hier auf der Messe ›Zukunft Personal‹ eklatant von all den Pinguinen ab, wie er die Anzugträger nennt. Und genau darum geht es: anders zu sein und es anders zu machen als bisher.«*

Schauen wir auf LinkedIn, was aus Christian Kuhna geworden ist: Im Profilbild tritt er nun mit einer kreisrunden, dunklen und dickrandigen »Corbusier«-Brille auf, mit Karohemd, Strickbinder, wirrem Haar und silbergrauem Hipsterbart – in Summe könnte man sein Image vielleicht »verrückter Professor« nennen. Mit seinem Markenbild von 2016 hat dieser Auftritt nichts mehr zu tun, da passt gar nichts mehr zusammen. Doch dies ist keine Fehlentwicklung. Im Gegenteil: Kuhnas Re-Branding ist Teil seiner Karriere, die er in seinem Profil wie folgt beschreibt:

Lecturer at the Alibaba Business School GET Network and at Jiao Tong University Shanghai Global EBA Program. Keynote speaker on Creativity & Innovation, Education & Learning, Future Trends & Innovation – the Future or Work & Organizations, Co-Working and Co-Living.

Kuhna meldet sich also aus China, zeigt sich mit chinesischen Studenten, mit bunten Design-Thinking-Papierklebern und als Teilnehmer globaler Videokonferenzen. Sein Branding hat Kuhna parallel zu seiner Karriere neu erfunden, er hat eine gestalterische Annäherung an die zuvor abgelehnte »Pinguin-Klasse« der konventionellen Anzugträger in Kauf genommen, diese aber neu interpretiert: bunter, ironischer und auf eine Weise westlich (Corbusier-Brille, Hipsterbart, Karohemd), die in China geradezu exotisch wirken muss.

Kuhna versteht es, den eigenen Themen ein Gesicht und eine Stimme zu geben – und wenn sich sein Publikum ändert, dann ändert er sein Gesicht. Auch dies ist eine wesentliche Einsicht: Eine erfolgreiche Personal Brand lebt von der Resonanz ihres Publikums, und sie lebt auch durch ihre eigene Veränderung.

Ob dies gelingt oder nicht, steht wiederum auf einem anderen Blatt. Es ist Ihnen sicherlich aufgefallen, dass Karl-Theodor zu Guttenberg derzeit neue Personal Brandings testet (dpa 2020).

Der ehemalige Bundesminister für Wirtschaft und Technologie und spätere Verteidigungsminister war mit einer Plagiatsaffäre um seine Dissertation aufgefallen und hatte 2011 sowohl seinen Doktortitel verloren als auch sämtliche politische Ämter niedergelegt. Derzeit ist KT, so sein Markenname unter seinen Fans, als Lobbyist und Unternehmensberater tätig. Im Sommer 2020 hat er an der Universität Southampton eine zweite Dissertation eingereicht und den akademischen Grad eines »Doctor of Philosophy« (PhD) erhalten. Sein äußeres Image dekoriert er seit 2011 immer wieder um: Zeitweilig trat er mit Nerdbrille und Hipsterbart auf, jedenfalls ohne die früher streng zurückgegelten Haare. Im Wirecard-Untersuchungsausschuss gegen Ende des Jahres 2020 sehen wir nun einen deutlich gealterten KT in hellblauen Kleinkaros, blauem Jackett, ohne Brille und laut SZ mit »einem Drei-Tage-Bart, der ihn etwas abgewetzt aussehen lässt«.

Ob sich KT mit diesem Look strategisch als Opfer inszeniert, können wir nicht sagen. Nur so viel: Dass ausgerechnet in dem Moment, in dem der Reputationsschaden der plagiierten Dissertation durch eine korrekte Dissertation ausgemerzt werden soll, ein neuer Skandal auftritt, der die Integrität des KT abermals in Frage stellt, mag zwar Pech sein. Eine neue Gesichtsmöblierung aber hilft wenig gegen einen in der Tiefe angekratzten Markenkern. Mit einem Bart allein lässt sich ein Haltungsschaden nicht korrigieren. Dies zeigt: Die Herausforderung einer Personal Brand besteht nicht nur darin, über alle Kanäle inklusive der textilen wie kosmetischen Selbstgestaltung konsistent zu kommunizieren, sondern die Kommunikation insgesamt zu kuratieren – und dabei in jeder Hinsicht »true« zu bleiben.

Damit sind wir beim Markenkern angekommen, der neben Ihrer Leistung und Ihrem Charisma grundlegend von Ihrer Haltung lebt.

FAZIT

1. **Eine präzise entworfene Personenmarke sorgt für Klarheit** darüber, was Sie können [Leistung], wofür Sie stehen [Haltung] und wozu Sie »auserwählt sind« [Charisma].

2. **Auf Ihr Markenbild zahlt alles ein:** jede E-Mail, jedes Gespräch, jeder Auftritt, jeder Restaurantbesuch, jeder Autokauf, jede Party, jede Reise. Also alles, was Sie tun – und alles, was Sie dezidiert *nicht* tun.

3. **Eine erfolgreiche Unicorn Brand lebt von der Resonanz ihres Publikums** – und auch durch ihre eigene Veränderung.

4. Die Herausforderung der Markenführung besteht in der **Konsistenz der Kommunikation** über alle Kanäle hinweg ...

5. ... und nicht zuletzt in ihrer **Wahrhaftigkeit**.

V.

UNICORN-MARKENKERN

Wenn wir von Ihrem Markenkern sprechen, ist das Wörtchen »Kern« eigentlich irreführend. Vielmehr handelt es sich um das Ergebnis einer kontinuierlichen Aushandlung zwischen dem, was Sie für Ihr Zielpublikum darstellen wollen (Selbstbild) und dem, was Ihre Kunden Ihnen tatsächlich zutrauen und von Ihnen kaufen wollen (Fremdbild). Ihr Markenkern ist also eher ein kontinuierlicher Prozess als eine kernartige Essenz. Dies vorweg.

Gleichwohl umfasst Ihr Markenkern immer Ihr zentrales Nutzenversprechen. Dieser Nutzen bezieht sich auf Ihren

- funktionalen Nutzen: Ihre Leistung
- emotionalen Zusatznutzen: Ihre Haltung und Ihr Charisma.

Mit diesem »Kern« grenzen Sie sich ab gegenüber Mitbewerbern, Sie verbinden sich mit Geschäftspartnern und bringen sich in Stellung gegenüber Ihren Kunden. Ihr Markenkern ist Ausgangspunkt aller Ihrer Personal-Branding-Aktivitäten. Er erleichtert letztendlich auch Ihnen selbst die Orientierung. Eine Orientierung, die Souveränität verleiht. Schauspielerlegende Sir Michael Caine schrieb dazu (Caine 2020, 127 und 135)

»Ich denke immer, es gibt keine Konkurrenz – ich bin, was ich bin, und entweder werde ich als das gebraucht, oder ich bin sowieso nicht der Richtige.«

Und er wusste auch um die Relevanz eines »Images«, das wir verstehen können als finale Wahrnehmung des Markenbildes durch das Zielpublikum. Es ist das Bild, das im Kopf bleibt.

»Ich schuf mir ein Image. Image kann wahr oder falsch sein oder dazwischenliegen, doch solange Sie keins haben, existieren Sie in der Welt des Films nicht.«

So ist es auch im Business. Denken wir Ihr Nutzenversprechen von Ihren möglichen Geschäftspartnern, Arbeitgebern oder Kunden aus, finden wir drei unterschiedliche Ebenen, auf denen Ihr Nutzen wirksam wird. Die Idee dazu stammt aus »Building A Story Brand« von Donald Miller – und weil sie so bestechend, so einfach und so wenig bekannt ist, hole ich hier ein wenig aus. Miller unterscheidet drei »Levels of Conflict« (Miller 2017, 61 ff.):

- **Externe Probleme:** Diese Probleme sind so handfest wie ärgerlich. Der Endkunde eines Automobilherstellers will schlicht und ergreifend ein Auto, der Endkunde eines Finanzberaters will Unterstützung bei seinen Investitionen, der Personaler eines Automobilzulieferers will einen passenden Kandidaten, damit die Firma wieder rundläuft. Wenig überraschend. Aber es geht weiter.

- **Interne Probleme:** Das ist des Pudels Kern. Miller: »Companies tend to sell solutions to external problems, but people buy solutions to internal problems.« (Miller 2017, 62) Gemeint sind Selbstzweifel, Frust und Scham oder einfach nur Genervtsein. Der Kunde eines Gebrauchtwagenhändlers fürchtet, übervorteilt zu werden und wünscht sich eine Marke, der er wirklich vertrauen kann – das ist der Hintergrund der Erfolgsstory von CarMax, Amerikas größtem Gebrauchtwagenhändler und Fortune-500-Unternehmen. Ein Autokäufer fürchtet, nicht mithalten zu können unter den coolsten Trendsettern in Sachen Digitalisierung, Nachhaltigkeit und Erfolg – think Tesla. Der Personaler eines Automotive-Konzerns schließlich fürchtet, einen wichtigen Posten mit einem nichtsnutzigen Industrieschauspieler zu besetzen und wünscht sich einen Experten für treffsichere Personalauswahl – das ist der Hintergrund meiner eigenen Company.

- **Philosophische Probleme:** »People want to be involved in a story that is larger than themselves.« (Miller 2017, 67 f.). Die Frage ist also, ob Ihr Kunde mit Ihrer Hilfe teilhaben kann an etwas Großem: Der Eroberung des Weltraums (Tesla), der Kampf gegen die Klimakatastrophe (VW), der Kampf für das Gute in der Welt (dm-Drogerie) oder zumindest gegen den konkurrierenden Anbieter (Telekom gegen AT&T).

Schauen wir uns diese drei Punkte näher an, stoßen wir in der Tiefe wieder auf die drei Sichtachsen des Personal Brandings, auf die wir uns in diesem Buch konzentrieren: Die externen Probleme Ihres Kunden lösen Sie mit Ihrer Leistung, die internen und »philosophischen« Probleme mit Ihrer Haltung und mit Ihrem Charisma.

Wichtig noch einmal: Ihre Marke funktioniert nur dann, wenn Sie einen konkreten Mehrwert anbieten: Leistungen, Kompetenzen, Erfahrungen, Kontakte. Ihre »Werte« oder Ihre »Persönlichkeit« oder Ihr »Gesicht« allein wird niemand kaufen. Schauen wir uns näher an, wie genau Sie Ihre Leistung definieren können.

LEISTUNG: Welchen Nutzen bringe ich für andere?

Erfahrungsgemäß ist es für diejenigen unter den CEOs schwierig, über den eigenen Nutzen nachzudenken, die im Laufe ihrer Karriere die Bodenhaftung verloren haben. Ich habe es mehr als einmal erlebt, dass ein solcher CEO seinen Beitrag für »substanziell« hielt, diesen Beitrag aber nicht beschreiben, geschweige denn beziffern konnte. So gut Ihr Name in der früheren Firma auch geklungen haben mag – wenn Sie nicht schon lange vor Ihrem Ausscheiden aus Ihrer Position für eine Unicorn Brand gesorgt haben, die auch im kalten Wind außerhalb Ihrer ehemaligen Firma überlebensfähig ist, dann ist Ihr »guter Name« binnen weniger Monate kaum mehr etwas wert. Ihr Nutzen ist unbekannt. Deshalb ist es eine gute Idee, diesen Nutzen frühzeitig auf den Punkt und unter die Leute zu bringen.

Ihre Leistung in einem Satz

Ihr Telefon klingelt um 7 Uhr früh. Es meldet sich ein Headhunter mit einem spannenden Jobangebot. Und der Frage: »Was können Sie eigentlich besser als Ihre Mitbewerber?« Hand aufs Herz: Hätten Sie eine griffige Antwort parat?

Ein »Markenmantra« ist ein probates Mittel, um den Nutzen einer Brand zuzuspitzen. Laut Kevin Lane Keller bestehen derartige Mantras oft aus lediglich drei Worten, die zentrale Markenfunktionen mit deskriptiven und emotionalen Komponenten kombinieren. [Keller 1999]

Beispiel Disney: »fun family entertainment«. Das Mantra verspricht Spaß [emotional] für die Familie [deskriptiv] durch Unterhaltung [funktional]. Es kommuniziert also, was die Marke tut [sie unterhält], für wen oder was das Produkt gedacht ist [Familien] und die gewünschte emotionale Reaktion [Spaß].

Ein weiteres Beispiel aus Kellers Aufsatz ist Nike: »authentic athletic performance«. Dieses Mantra – mittlerweile historischer Vorläufer von »Just do it.« – verspricht ein Gefühl der Echtheit [emotional] für Athleten [deskriptiv] via leistungssteigernder Ausrüstung [funktional]. Als aktuelles Beispiel können wir das Tee-Unternehmen Pukka heranziehen: »incredible organic teas«. Das versprochene Gefühl ist unglaublich [emotional], richtet sich an das Biobürgertum [deskriptiv], und das durch ein Heißgetränk [funktional].

Keller zufolge zielen Markenmantras darauf ab, »effektiv zu kommunizieren, zu vereinfachen und zu inspirieren«. Es geht also darum, die Intention der Marke wirksam auf den Punkt zu bringen. Am wirksamsten gelingt dies dann, wenn diese Intention im Feld der Mitbewerber einzigartig und damit herausragend wirkt.

Was könnte Ihr Markenmantra sein?

- **Emotional:** Welchen emotionalen Mehrwert bietet Ihre Marke? Denken Sie an »treffsicher« [der Untertitel meines Buchs »Kandidaten lesen« lautete »Mit dem Headhunter-Schlüssel zur treffsicheren Personalauswahl«], »inspirierend«, »disruptiv«, »zukunftssicher«.

- **Deskriptiv:** Für wen oder was ist Ihr Angebot gedacht? Denken Sie an Mittelständler, Unternehmer, Gründer, Verlage, Ingenieure, Batterieentwickler, eine bestimmte Branche, ein bestimmtes Produkt.

- **Funktional:** Was liefert Ihre Marke? »Personalauswahl« [siehe Buchtitel oben], Performance, Unterhaltung oder Tee [siehe Beispiele oben], Know-how, Expertise, Beratung, Programme, Sitzbezüge.

Auf mich selbst angewendet, liefert dieses Mantra-Programm den Claim: »Treffsichere Personalauswahl für Automotive-Unternehmen«. Und schon wird klar, warum »Mantra« die falsche Antwort auf eine eigentlich richtig gestellte Branding-Frage ist.

Je nach Ihrer Positionierung engt ein einziges Mantra oder ein einziger Pitch-Satz Ihre Kommunikation möglicherweise ein. In meinem Fall ist es so, dass ich für unterschiedliche Kunden unterschiedliche »Mantras« brauche. Einige Beispiele, beginnend mit dem schon angesprochenen:

- Für Personaler auf der Suche nach einem kompetenten Kandidaten für eine erfolgskritische Position: »Ich finde für Sie treffsicher den genau richtigen Kandidaten.«

- Für C-Level-Kandidaten, die gerade Ihre Position verloren haben: »Ich bin Ihr Guide zu Ihrer zweiten Karriere.«

- Für C-Level-Kandidaten auf der Suche nach einer interessanteren Position: »Ich mache Ihre Reputation in meinem Netzwerk sichtbar.«

- Für C-Level-Manager auf der Suche nach einem Sparringspartner für strategische Fragen: »Als Branchenkenner biete ich Ihnen Einblicke in die Hintergründe der Branchenentwicklung und biete Austausch auf Augenhöhe.«

- Für Unternehmen auf der Suche nach interessanten Nachwuchskräften: »Ich positioniere Ihr Unternehmen mit einer spannenden Employer Brand im genau richtigen Umfeld.«

Sie merken gleich: Mit drei Worten ist es nicht getan – und das muss nicht unbedingt ein Nachteil sein. Wichtig ist, dass Sie sich überhaupt Gedanken darüber machen, für wen Sie Ihre Leistung mit welcher Formulierung griffig kommunizieren. Und das ohne Grübeln, Stammeln und Verhaspeln.

Ihre Leistung als inspirierende Story

Ihre Kompetenzen sind per se nicht sichtbar. Mit welchen Zahlen, Fakten, Prototypen, Akquisen, Zertifikaten, Awards können Sie diese Kompetenzen belegen? Sie werden hier einiges vorzuweisen haben. Nur: Wie sympathisch wirkt es, wenn Sie Statistiken und Urkunden nackt auf den Tisch knallen?

Sie brauchen eine Story, um Ihre Kompetenzen zu transportieren. Und eine Story funktioniert nur dann, wenn Sie darin eine Rolle spielen. Zugegeben: Dieser Gedanke war auch für mich ungewohnt, doch greife ich ein Konzept von Oxana Zeitler (»Lead the Future. Shape your Brand«) auf, weil es mich der Übersichtlichkeit wegen überzeugt hat (zum Vergleich: Spall/Schmidt stellen 49 (!) Archetypen vor; Spall/Schmidt 2019, 82). Zeitler unterscheidet drei verschiedene Personal-Brand-Profile: den »Winner«, den »Wizard« und den »Warrior«. (Zeitler 2020, 80)

- **Der »Winner«:** Ein Gewinner, so wie Zeitler ihn sieht, punktet nicht mit Macht oder Stärke oder Autorität. Es geht eher um das, was einen Charismatiker auszeichnet: Innere Stärke und ein bescheidenes Auftreten nach außen hin. Gewinner überzeugen mit Souveränität und Sympathie. Sie kommunizieren Erfolge im Business (statt sich selbst loben Sie lieber das Team), sie treten aber auch im Kampf um größere Themen an. So äußerte sich LinkedIn-Chairman Jeff Weiner kürzlich ausführlich zum Thema »Mitgefühl«. Ergebnis: 15.494 Mal »Gefällt mir«, 570 Kommentare. Natürlich auf LinkedIn.

- **Der »Wizard«** weiß Dinge, die andere nicht wissen, und ist bereit, dieses Wissen zu teilen. Zeitler sieht Microsoft-Chef Satya Nadella als »Welterklärer« in Sachen »Zukunftstechnologie«. Als aktueller Zauberer hierzulande geht Christian Drosten durch, der Viruserklärer. Einer der vielleicht bekanntesten und polarisierendsten Erklärer der Automobilbranche ist »Autoprofessor« Ferdinand Dudenhöffer.

- **»Warrior«** sind für Zeitler zum Beispiel Gründer, Vordenker, Innovatoren – also Menschen, die polarisieren, die mit »kühnen Visionen« und »bahnbrechenden Projekten auffallen«. Einmal mehr also der Typ Elon Musk.

Bei dem Versuch, die Typologie auf sich selbst anzuwenden, stellt sich der gleiche Effekt ein wie oben. Die Methode funktioniert zwar – aber sie funktioniert nur situativ. Ich gehe wieder von mir selbst aus: Regelmäßig äußere ich mich auf LinkedIn zu weiter gefassten Themen wie zum Beispiel Diversity oder Haltung (siehe mein Beitrag »Dringend gesucht: Agile Gentlemen«), spiele dann also im Zeitler'schen Sinne eine »Winner«-Rolle; etlichen Klienten stehe ich als diskreter Branchenerklärer zur Seite, das wäre die »Wizard«-Rolle, wieder andere schätzen meine Vorreiterrolle in Sachen Employer Branding. Nun gut. Sie sehen, auf was ich hinaus möchte: Das vorliegende Konzept ist wieder nicht die Antwort auf alle Markenfragen. Aber es hilft dabei, Ihre Rolle in Ihrer Markenstory zu schärfen.

Ausflug ins Universum der Superhelden: Dass das Thema »Rolle in der Markenstory« viel mehr als nur eine Idee in einem Branding-Ratgeber darstellt, zeigt die Lieblingsrolle von Ex-T-Mobile Chef John Legere: Batman. Diese Geschichte aus dem Magazin »Capital« ist derartig schräg und derartig pointiert formuliert, dass ich Sie ausführlich zitiere (Werner/Wendel 2019):

> *»Durch die T-Mobile-Zentrale in einem Vorort von Seattle, in dem alles magentafarben beleuchtet ist, fährt Legere gern mit einem Segway, die langen, dünnen Haare wehen im Fahrtwind, er winkt in die Büros seiner Mitarbeiter hinein. Sein eigenes Büro ist voll mit magentafarbenem Klimbim, darunter ein Bauarbeiterhelm, ein Totenkopf und natürlich die Stoffpuppe, die aussieht wie er, und die er überallhin mitschleppt. An seiner Bürotür hängt ein großes, magentafarbenes Batman-Logo. Batman ist Legeres Lieblingsheld. Er verkleidet sich manchmal als Batman, bei Twitter beendet er seine Nachrichten gern mit ›#IamBatman‹. Batman, der für das Gute kämpft und gegen das Böse. Für den Kunden, gegen die ›dumme, kaputte, arrogante Industrie‹. Batman – für die einen der Held, für andere der Rächer mit fragwürdigen Methoden. ›Ich liebe den Sieg‹, schrieb Legere über sich im Harvard Business Manager. ›Besonders wenn andere dabei als Verlierer dastehen.‹«*

Dass Legere diese Rolle nicht »ist«, sondern dass er sie lediglich »gespielt hat«, zeigt sich seit seinem Rückzug aus dem aktiven Geschäft. Die Haare sind nun geschnitten, das Outfit normalisiert – Legere tritt zwar immer noch häufig über Social Media in Erscheinung, aber nun in seiner neuen Brand: der vernünftige, zu Corona-Disziplin ermahnende Privatier. An seine ehemals schrille Personenmarke erinnern allenfalls die Batman-Icons auf seinem Mund-Nasen-Schutz.

Dass auch ein negativ konnotiertes Rollenkonzept erfolgreich sein kann, zeigten die vier Jahre Twitter-Gewitter des US-amerikanischen Ex-Präsidenten Donald Trump. Andrea Schneiker, Professorin für Global Governance an der Zeppelin Universität in Friedrichshafen, fand nach Auswertung von 1.469 seiner Tweets folgende Rollenbeschreibung: »Superhero anti-politician celebrity«. Was zeigt: Auch eine destruktiv angelegte Anti-Marke kann eine starke Marke sein. (Schneiker 2018)

Dass wir uns in diesem Kapitel knietief in das verstricken, was das Forscherteam Meindl und Ehrlich als »the romance of leadership« bezeichnet hatten, ist nicht zu vermeiden (Meindl/Ehrlich 1987). Denn sobald wir Sie, den CEO oder Kandidaten, als »Helden« Ihrer Markenstory auftreten lassen, geben wir der Annahme Raum, jeglicher Erfolg Ihres Unternehmens hänge ausschließlich von Ihrer großartigen »Führerschaft« ab. Nun: Jeder von Ihnen weiß, dass dem nicht so ist. Jeder weiß um den signifikanten Einfluss von sozialpolitischen, gesundheitspolitischen und geopolitischen Großlagen, jeder weiß um die Bedeutung von Teamleistung, Timing und schlichtem Zufall. Geschenkt. Es geht hier um Storytelling. Und Storytelling-Experte Miller hat hier einen relevanten Einwand, den ich Ihnen bereits vorgestellt hatte (Miller 2017, 77):

> *»Always position your customer as the hero and your brand as the guide. Always. If you don't, you will die.«*

Miller widerspricht mit seinem Konzept den oben ausgeführten Markenstorys, in denen Sie selbst als Wizard, Warrior oder sonstiger Superheld auftreten. Wie bringt man diese Konzepte zusammen? Millers Idee ist so einfach wie bestechend:

»Sei Yoda. Nicht Luke.«

Ich gehe davon aus, dass Sie das Filmepos um Luke Skywalker kennen (»Star Wars«, drei Mal drei Episoden seit 1977). Luke ist der Hauptprotagonist und Held, der seinen Kampf schlussendlich gewinnt. Yoda ist die »kleine, weise und doch mächtige Vater-Figur« (Brug 2021), der Luke mit gutem Rat zur Seite steht.

Miller zufolge funktioniert Ihre Personal Brand also dann besonders erfolgreich, wenn Sie sich nicht als der Hauptheld inszenieren, sondern als der Held auf der Metaebene: Das ist derjenige, der zwar mit Autorität und besonderen Fähigkeiten ausgestattet ist – der aber nicht den Kampf des Kunden gewinnt. Diesen Kampf gewinnt der Kunde selbst. Es ist sein Triumph. Und er ist dann besonders groß, wenn Sie, so Miller, den Kunden nicht nur bei seinem Sieg unterstützt haben, sondern bei seiner *Transformation*. (Miller 2017, 30/ 77/ 141) In einer Zeit, in der sowohl Zulieferer als auch Hersteller vor der Wende zu E-Mobilität, Subskriptionsmodellen, fliegenden Hubschraubern und autonom fahrenden Omnibussen stehen, ist reichlich Gelegenheit, eine solche Rolle zu spielen.

Ob Sie sich in Ihrer Markenstory nun als Held oder Berater positionieren wollen, hängt, so meine ich, letztendlich von Ihrem Ziel ab. Als Bewerber um eine hochdotierte CEO-Position haben Sie als »Batman« vielleicht bessere Karten denn als »Yoda«. Wie auch immer Sie sich entscheiden – wahrscheinlich ist es gut, dieses Thema im Bewerbungsgespräch nicht anzuschneiden und sich, anders als ein John Legere, bei wichtigen Terminen auch nicht als Batman zu gewanden. Eine so besondere Unicorn Brand wie die eines Legere muss man sich über Dekaden erarbeiten. Mit Leistung. Und Networking. Womit wir beim nächsten Thema sind:

Ihre Leistung in Ihrem Netzwerk

Ihre Performance in einem relevanten Netzwerk und Ihr Zugang zu relevanten Playern ist ein wichtiger, vielleicht der wichtigste Teil Ihres Markenkerns. Wie sich dieser Markenteil belegen lässt, können Sie auf LinkedIn, Twitter und Co. praktisch »live« beobachten. Gerade im Business-Kontext geht es hauptsächlich darum, auf die Keynote eines Geschäftspartners hinzuweisen (der dann wiederum auf Ihre Keynote hinweist), *Dankesworte* an Kollegen und Mitarbeiter auszusprechen, *Empfehlungen* zu geben; anderen Playern also zu technischen *Meilensteinen* und Umsatzerfolgen, wichtigen *Publikationen, Reden* und *Awards* zu gratulieren. Und sich selbst im Gegenzug zu derartigen Erfolgen gratulieren zu lassen.

Wie das in der Praxis aussieht, lässt sich an wenigen Beispielen zeigen. Stephan Winkelmann etwa, Präsident von Bugatti Automobiles S.A.S. sowie Präsident und CEO von Automobili Lamborghini S.p.A., zeigt auf LinkedIn selbstverständlich viele attraktive Automodelle. Aber mit gleicher Regelmäßigkeit Geschäftspartner, sein Management-Team, Szenen aus dem Rennsport und auch eher unerwartete Szenen: Er pflanzt mit Kollegen und einem örtlichen Bürgermeister Bäume im Wald. Eintrag:

»At Bugatti, we work hard on avoiding emissions or any other environmental impact in our production and processes whenever possible. In addition, we continuously reduce the emissions with leaner processes or the use of green energy.

And those emissions that are left at the end of the day need to be compensated. This is why I went to plant some of the first trees of this year's activities within our local reforestation programme here in Alsace – together with my colleague Christophe Piochon and Jean-Philippe Kaes, a Bugatti team member and also the mayor of Grendelbruch, a small town very close to Molsheim.«

Doppelte Botschaft: Winkelmann inszeniert ein für Nachhaltigkeit engagiertes Team – und sich selbst als lokal gut vernetzten Teamplayer. Die ausgefeilt inszenierten Aufnahmen zeigen Winkelmann dabei als einen selbst- und stilbewussten Konzernlenker, der seine Souveränität oftmals mit ostentativ verschränkten Armen unterstreicht.

Zum Vergleich der LinkedIn Auftritt von Herbert Diess, Vorstandsvorsitzender der Volkswagen AG: Wie bei Winkelmann sehen wir viele exklusive Wagen, doch anders als bei Winkelmann setzt Diess auf mehr Nahbarkeit. Diess im Gespräch für einen Podcast, Diess in einer Videokonferenz, Diess beim Videostatement für den Handelsblatt Autogipfel, Diess als herzlicher Gratulant (»Congrats on your clear announcement, Adrian Hallmark! Bentley Motors goes full electric!«), Diess als Social-Media-Fan (»Wow! That's impressive, Stephan Wöllenstein! 2000 drones, 2 previews and almost 90 million people watched our livestream, in total we had 1.7 billion clicks via social media – that's next level from China!«), Diess als Unterstützer der Bundeskanzlerin.

Obwohl Winkelmann und Diess in der gleichen Branche auf Top-Management-Level spielen, unterscheidet sich ihre Inszenierung als Netzwerker doch wesentlich. Während der Bugatti-Chef auf Exklusivität setzt, punktet der VW-Chef mit breitem Engagement. Besser könnten diese Personenmarken nicht auf die Marken der Unternehmen abgestimmt sein, für die beide auf der Bühne stehen. Und besser könnten diese Auftritte auch nicht nur die Leistung dieser Player inszenieren, sondern darüber hinaus auch deren Haltung.

HALTUNG: Für welche Werte stehe ich?

»Jürgen Hubbert war mit Leib und Seele ›Mr. Mercedes‹. Nahezu 40 Jahre machte ihn seine Innovationskraft, gepaart mit seiner Menschlichkeit, zu einem international hochgeschätzten Botschafter unseres Unternehmens. Mit diesen Eigenschaften, ergänzt durch hohen unternehmerischen Weitblick und Verhandlungsgeschick, hat er sich anhaltende Anerkennung und Wertschätzung in unserem Hause erworben.«

Als Prof. Jürgen Hubbert im Januar 2021 im Alter von 81 Jahren plötzlich verstarb, schaltete Daimler diesen Text in einer Traueranzeige. Mit Hubbert ging nicht nur einer meiner am meisten geschätzten Freunde und Mentoren der Branche, sondern auch eine hoch profilierte Personenmarke. Hubbert selbst hätte sich wohl niemals als »Brand« verstanden und erst recht nicht als »Unicorn«. Und doch ging von ihm die Strahlkraft einer großen Marke aus, gründend auf seiner Leistung, seiner Haltung und seinem Charisma. Seine starke Haltung war es, die mich persönlich am meisten beeindruckt hat und immer noch bewegt.

Laut dem »Edelmann Trust Barometer« (2019) wünschen sich rund 70 Prozent der Deutschen von CEOs eine klare Haltung zu gesellschaftlichen, politischen und wirtschaftlichen Fragen. Zu diesem Ergebnis kommt auch die »CEO RepTrak Studie« (2017). Hier wurden rund 28.000 Teilnehmer zu 139 CEOs in 15 Ländern befragt. Ergebnis: Finanzielle Erfolge allein überzeugen nicht mehr (siehe General-Electric-Star Jack Welsh), innovative Produkte allein ebenfalls nicht mehr (siehe Apple-Legende Steve Jobs), gewünscht wird gesellschaftliches Engagement (siehe dm-Gründer Götz Werner). CEOs sollen für etwas stehen, das der Gesellschaft dient. Haltung wird damit von einem Nice-to-Have zu einem Must-Have für CEOs. Haltung wird von einem »soften« Thema zu einem harten Wirtschaftsfaktor. Fragt sich nun: Was ist eigentlich Haltung?

Ihre Haltung als Werte-Kompass

Ähnlich wie ein »Markenkern« ist »Haltung« im Grunde keine Essenz, sondern das Ergebnis von Kommunikation. Haltung zeigt sich im Tun. Es ist eben nicht nur eine Frage der Manieren, sondern eine Frage der Haltung, ob ein CEO für Pförtner, Postboten oder Putzleute Respekt übrig hat oder Verachtung. Blickkontakt plus Gruß oder demonstrative Ignoranz – das ist der Unterschied.

Dennoch können wir unabhängig von unseren Handlungen über unsere Haltung nachdenken, die wir mit unserer Personal Brand an unsere Kunden kommunizieren wollen. Denn darum geht es in diesem Buch; und deshalb eignet sich hier das Modell von Dr. Karsten Kilian, Initiator von Markenlexikon.com und Professor für Markenmanagement an der Hochschule Würzburg (FHWS). Kilian (o. A. 2013):

> *»Damit die Marke auf KURS ist, braucht es ein Markenprofil, das über einen passgenauen Markenkern und zwei bis vier charakteristische Markenwerte verfügt. Kern und Werte sind auf KURS, wenn sie vier Kriterien erfüllen: Sie müssen **k**onkret, **u**rsächlich, **r**elevant und **s**pezifisch sein.«*

Schauen wir uns diese Kriterien näher an.

- **Konkret** sind die Werte Ihrer Marke dann, wenn sie bildhaft und sofort verständlich sind. Erfolg, Familie, Freude, Neugier, Stabilität, Status, Präzision, Freiheit, Innovation, Exklusivität, Zuverlässigkeit, Diskretion, Nachhaltigkeit und Diversität wären meiner Einschätzung nach solche Werte.

- **Ursächlich** sind die Werte Ihrer Marke, die tatsächlich in Ihrer eigenen Person verankert sind. Dahinter stehen eigene Erfahrungen, Erkenntnisse oder Leidenschaften.

- **Relevant** sind Ihre Markenwerte, wenn diese für Ihre Zielgruppe bedeutsam sind. Eine Automarke wie Tesla steht zum Beispiel für Innovation, eine gut eingeführte Headhunter-Marke steht für Diskretion – umgekehrt ergibt die Sache selbstredend wenig Sinn.

- **Spezifisch** sind die Werte Ihrer Marke dann, wenn sie anders gelagert sind als die Werte Ihrer Mitbewerber.

Am Beispiel Gunnar Kilian, Vorstand Personal und Truck & Bus bei Volkswagen AG, sehen wir, was das in der Praxis bedeuten kann. Während sich viele Vorstandskollegen zu Weihnachten höflich und zurückhaltend, jedenfalls ausgesprochen professionell äußern, zeigt sich Kilian auf dem Wohnzimmerboden mit halb aufgestellter Kinder-Carrerabahn. Eintrag LinkedIn, Dezember 2020:

*Liebe Community, liebe Kolleg*innen – heute steht für mich ein ganz besonderes Projekt auf dem Programm: Den #Weihnachtsbaum aufstellen. Warum ich diesen privaten Einblick hier teile?*

*Ich denke, ich spreche nicht nur für unsere weltweit 670.000 Kolleg*innen im Volkswagen AG Konzern und die LinkedIn Community, wenn ich sage: Dieses #Corona Jahr hat uns alles abverlangt! Zum Schutz unserer Belegschaften, unseres Geschäftsbetriebs und zur Unterstützung der Gesellschaft haben wir viel gegeben – weltweit.*

Was dafür oft zurückstehen musste, waren unsere Familien und engsten Freunde. Doch ohne sie, ohne ihren Rückhalt und ihre Liebe, hätten wir die Kraftanstrengungen dieses Jahres nicht so bewältigen können, wie wir es getan haben.

Deshalb ist mein »Weihnachtsbaum-Projekt« etwas ganz Besonderes: Es steht für die gemeinsame Zeit, die ich mit meiner Frau und unseren Jungs – per Skype auch mit unseren Eltern & Geschwistern – genießen werde.

Ich freue mich sehr darauf und hoffe, auch Sie können das Wichtigste genießen: Die Zeit des Zusammenseins!

Ich wünsche Ihnen allen frohe Weihnachten & bleibt gesund!

Ihr/Euer Gunnar Kilian

Pssst ... Seit gestern wartet auf dem (noch verschlossenen) Dachboden das Familiengeschenk. Eins ist klar: Ich nehm' den #Porsche :)

Ergebnis: 621 Likes, 67 Kommentare. Mit deutlichem Abstand mehr Resonanz als bei seinen anderen Einträgen. Was ist davon zu halten? Ganz klar: Hier spricht Kilian als Familienmensch, zugleich aber auch als erfolgreicher VW-Mann und verantwortliche Führungskraft. Seine Haltung bringt er zum Ausdruck mit den konkreten Werten Erfolg, Gemeinschaft und Familie, die er sichtbar lebt (»ursächlich«), die vielen seiner Mitarbeiterinnen und Mitarbeitern aus der Seele sprechen (»relevant«) und die ihn unterscheiden (»spezifisch«) von seinen Kollegen, die sich auf LinkedIn weniger ostentativ als Familienmenschen inszenieren. Was könnte zu einem Personalvorstand besser passen?

Abgesehen von den sicherlich hilfreichen Kriterien aus dem Akronym KURS von Karsten Kilian halte ich zwei weitere Differenzierungen für hilfreich:

- **Ihre politische Haltung** zu geostrategischen und sozialen Fragen, zu Ökologie, New Work, Diversity und so fort.

- **Ihre professionelle Haltung** zu spezifischen, berufsethischen Grundsätzen, die den State-of-the-Art in Ihrer Branche und in Ihrem Aufgabengebiet definieren.

Ihre Werte können und sollten Sie auf den internen Bühnen Ihres Unternehmens, auf externen und virtuellen Bühnen zum Thema machen. Fragt sich nur … wie?

Ihre Haltung zeigt sich in Zustimmung

Ein Klassiker sowohl im persönlichen Gespräch als auch als LinkedIn- oder Twitter-Post ist die persönliche Empfehlung oder Bewertung. Was auch immer Sie kommentieren oder re-posten, unterstreichen Sie Ihre Haltung und Ihre Zugehörigkeit zu relevanten Netzwerken.

Dazu ein Beispiel aus der Pharmaindustrie. Wer hätte gedacht, dass sich ausgerechnet der derzeit gefeierte CEO Severin Schwan (Die Zeit vom 7. Juli 2020: »Er klingt so nett«) auf Twitter derartig leidenschaftlich positiv zum Thema Diversity äußert?

Die besondere Herausforderung beim Thema »Haltung zeigen via Zustimmung« liegt darin, die genau richtigen Themen und das jeweils genau richtige Timing auszuwählen. Auf C-Level zum Beispiel empfiehlt es sich nicht, sich zur kleinsten Design-Innovation an der letzten Radkappe zu äußern. Für Ihre Zielgruppe spannend sind großformatige Themen mit hoher politischer Relevanz: Zukunft der Mobilität, Überwindung der Klimakrise, Transparenz in den Produktionsanlagen Chinas. Oder mit hoher professioneller Relevanz: New Work, Homeoffice, Unternehmenskultur, Leadership.

Und für das Timing gilt: Kleinteilige Themen und »Breaking News« haben vor allem auf Twitter eine extrem kurze Halbwertszeit. Wenn Sie den Zeitpunkt verpasst haben, dann lieber gar nichts mehr zum Thema sagen als mit zwei Wochen Verspätung.

Ihre Haltung als konkretes Engagement

Stärker noch als das online behauptete »Gefällt mir!« wirkt das online inszenierte »Hier war ich!« und »Das habe ich gemacht!«. LinkedIn und Twitter sind voll von Personal Brands, die gerade eben eine ganz wundervolle Rede gehalten oder einen Preis bekommen, einen Vertrag unterschrieben, einen Blumenstrauß überreicht oder empfangen, einen Scheck überreicht oder ein Event eröffnet, eine Aktion unterstützt oder eine Initiative gegründet haben. Gelegentlich wird auch ein Baum gepflanzt. Die Idee dahinter ist klar, und es war der Dramatiker David Mamet, der sie besonders treffend formuliert hat (Mamet 1997, 63):

> *»Die Ideen, Organisationen, Aktionen und Menschen, die Sie unterstützen und denen Sie sich widmen, prägen Ihren Charakter und sind letzten Endes Ihr Charakter. Jede andere Definition entspringt dem Gerede des Unengagierten.«*

Mit welchen Entscheidungen, Events oder Storys können Sie also Ihr Engagement für bestimmte sozialpolitische, geopolitische, ökonomische oder ökologische Werte belegen? Falls Sie sich derzeit für nichts Weltbewegendes engagieren, wäre die Konzeption Ihrer Personal Brand ein Anlass, über derartige Themen nachzudenken.

Nachdenklich in Sachen Haltung macht auch die Retourkutsche, die unweigerlich auftaucht, wenn Sie eine einmal postulierte Haltung nicht mit Handlungen unterfüttern – oder, schlimmer noch: Mit unpassenden Handlungen konterkarieren. Genau das ist kürzlich Adidas passiert. Und Douglas. Beide Unternehmen sind auf Social Media ausgesprochen aktiv, beide über die Personenmarken ihrer CEOs, Kaspar Rorsted für Adidas und Tina Müller für Douglas. Die Zeitschrift »Capital« schreibt (Ziesemer 2020):

> *»Adidas und Douglas gehören bei uns zu den Konzernen, die am lautesten die Trommel im Internet schlagen. Sowohl Kasper Rorsted als auch Tina Müller ließen sich in den Medien überaus willig zu ›Superstars‹ stilisieren. Der Chef und die Chefin reden seit langem gern über den ›Purpose‹ ihrer Unternehmen. Übersetzt heißt das zwar eigentlich nur simpel ›Zweck‹, aber in Deutschland macht man daraus eine Art Metaphysik: Der Konzern als kollektiver Gutmensch, dessen letzte Gründe jenseits von schnöden Umsätzen und Profiten liegen. Die alte Devise ›The Business of Business is Business‹ soll nicht mehr gelten.«*

Nun hat sich Adidas zu Beginn der Corona-Krise dazu hinreißen lassen, die Mieten für einige Stores nicht mehr zu zahlen. Douglas wiederum versuchte sich mit einer Neudefinition des Geschäftsmodells als »Drogerie« (statt als Parfümerie), um dem zweiten Corona-Shutdown zum Trotz die eigenen Läden weiter öffnen zu können. Beides kam in der öffentlichen Meinung ausgesprochen schlecht an und steigerte sich zu handfesten »Shitstorms«. Kommentar »Capital«:

»Wer so hoch einfliegt, kann beim allerkleinsten Pilotenfehler leicht eine Bruchlandung hinlegen.«

Für unser Thema heißt das: In der heutigen Zeit bleibt kaum ein normativer Fehltritt unbemerkt. Und wenn Sie mit Ihren konkreten Entscheidungen den moralischen Grundsätzen ihrer Zielgruppe widersprechen, wird Ihre Marke sehr schnell unter einem Shitstorm begraben, aus dem Sie sich möglicherweise nicht mehr befreien können. Kurz: Ihre Marke braucht Haltung. Nicht nur inszenierte Haltung, sondern gelebte Haltung.

CHARISMA: Womit wirke ich?

Dass der Faktor »Charisma« kein unproblematischer ist, das ist mir durchaus bewusst. Trotzdem habe ich mich für diesen Begriff entschieden. Denn so schwammig »Charisma« definiert sein mag, desto mehr passt dieser Begriff meiner Einschätzung nach doch zu den meisten der High Performer, die ich beraten habe oder derzeit beraten darf. »Charisma« scheint mir auf eine eindrucksvollere Wirkung beim Gegenüber hinzuweisen als lediglich »Persönlichkeit«.

Erstmals aufgetaucht ist »Charisma« übrigens in der Bibel, und zwar im ersten Korintherbrief (Korinther 1, 12, 4-7):

»Es gibt verschiedene Gnadengaben (Anm. ›Charismata‹), aber nur den einen Geist. (...) Jedem aber wird die Offenbarung des Geistes geschenkt, damit sie anderen nützt.«

In diesem ursprünglichen Sinne ist Charisma kein Statusmarker, sondern eine Jobbeschreibung. Entsprechend widmen wir uns in diesem

Abschnitt der Suche nach Ihren markentypischen Eigenschaften und Ihren Leidenschaften. Jeweils im Hinblick darauf, welchen konkreten Nutzen Sie Ihrer Zielgruppe bringen. Welche Eigenschaften machen Sie also zu einer besonderen Personal Brand? Mit welchen Events oder Erlebnissen aus Ihrem privaten Umfeld oder aus Ihren persönlichen Tätigkeiten belegen Sie diese Eigenschaften?

Ein Symbol für Ihr Charisma

Dass sich Personen von Rang und Namen überhaupt öffentlich im Kreise ihrer Familie darstellen, ist keine Erfindung von Instagram. Tatsächlich gibt es in der Kunstgeschichte eine lange Tradition des Familienporträts, das im Zuge der Industrialisierung irgendwann von Ölmalerei auf Fotopapier umgestellt und schließlich auf Digitalbildchen für Social Media verkleinert wurde. Vorbild waren die Selbstdarstellungen der europäischen Königsfamilien. Und wenn sich später Industrielle im Kreise ihrer Liebsten ablichten ließen, hatte das den Zweck, den Wertehorizont »Familie« in das Unternehmen zu übertragen. Wir erinnern uns an das Weber'sche Konzept der »traditionalen Herrschaft« – ein Patriarch ohne Familie ist kein Patriarch. Auch heute nicht. Also zeigt »Mann« sich gelegentlich mit Familie. Frau natürlich auch.

Nun allerdings bröckelt die Tradition. In einer Zeit, in der kein Businessmensch mehr sicher ist, ob sich ein Konferenzbesuch souveräner in italienischen Lederschuhen oder Sneakers absolvieren lässt, ist man auch unsicher, wie privat eine sozialmedial dargestellte Privatsphäre eigentlich sein soll, gar muss oder bloß nicht sein darf. Das führt zu einer Vielzahl öffentlich zu verfolgender Branding-Pannen. Eine davon passierte auf Instagram, hat mit Hagebutten zu tun und mit Ex-Bundeskanzler Schröder und seiner Gattin. Hier ist dem »Spiegel« ein Meisterstück der Brandingkulturkritik gelungen, das ich Ihnen nicht vorenthalten möchte (Frank 2020):

> *»Auch stilistisch und ikonografisch ist Alltag ein palliatives Nirgendwo. Weiße Wände, hellbraunes Parkett, viel saisonale Botanik, ein Hauch von Vanitas und vergangener Größe. Vorhölle und Vorhimmel im*

Hier und Jetzt und so leblos, als hätte Stanley Kubrick als Innenarchitekt seine Hand im Spiel gehabt.«

Dazwischen, im ockerfarbenen Pullover, erscheint Ex-Bundeskanzler Schröder mit einem Gebinde besagter Hagebutten. Instagram-gerecht inszeniert von seiner Frau. Kommentar »Spiegel«:

»Ein Bundeskanzler, möchte man meinen, nähme die Würde des Amtes auch in den Ruhestand mit. Nicht nur ist es ihm nicht peinlich, auf diese Weise im aromatisierten Abklingbecken seiner Wichtigkeit vorgeführt zu werden. Es ist ihm vermutlich sogar recht. Kein Welt-, ein Hagebuttenerklärer.«

Es geht mir hier nicht um das Verulken ehemaliger Bundeskanzler. Der Punkt ist dieser: Wenn Sie sich als Privatmensch zeigen, dann so, dass Ihre privaten Eigenschaften und Leidenschaften letztendlich wieder auf Ihr »Nutzenversprechen« gegenüber Ihren Kunden einzahlen. Sie müssen also eine Verbindung schaffen zwischen dem, was Sie als Privatmensch ausmacht und dem, was Sie als Profi auszeichnet. Dies zu inszenierten Symbolen.

Hagebutten (»Gedöns«?) eignen sich ihrer politischen Bedeutungsarmut wegen als Vehikel in diesem Manöver weniger gut – die oben vorgestellte Carrerabahn unter dem Weihnachtsbaum aber durchaus, weil dieses Icon gleichzeitig für »Auto« und »Familie« steht. Als Punktlandung geht auch die oben erwähnte Wollmütze eines KTN durch. Sie steht für Abenteuerlust, bringt Charisma also durchaus auf den Punkt. Wie kommt man den Punkten auf die Spur, die zur eigenen Personal Brand passen – und zur eigenen Person?

Ihr Charisma als persönliche Eigenschaften

Von Klaus Eidenschink stammt die Idee, nicht von Eigenschaften zu sprechen, sondern von »Qualitäten«. Genauer: von »verschollenen Qualitäten« (Eidenschink 2020/5):

»Die meisten Menschen finden sie nach einigem Spüren (nicht: Nachdenken!) durchaus sehr eigene und verschollene Qualitäten. Hier nur eine ganz kleine Auswahl: Neugierig, schüchtern, langsam, schnell, verträumt, wild, frech, pfiffig, zart, vorlaut, nachdenklich, verspielt, leise, bezogen, sensitiv, robust, versunken, ungebändigt, liebevoll, empfänglich, genießerisch, hingebungsvoll, kühn, sanft, keck, sinnlich, vorwärtsstrebend, verzeihend, kräftig, schöpferisch, feinfühlig, sorgend, ausdauernd, usw. usf. (Dank an meine Klienten für diese Wörter…).«

Diese Qualitäten sind Eidenschink zufolge die Grundlage für persönliche Entwicklung. Es sind Ihre Potentiale, die Sie nicht erst umständlich konzipieren und implementieren müssen. Das alles ist schon da. Es macht Sie aus. Sie finden es mit dem aufmerksamen Blick nach innen und im offenen Umgang mit Ihren Kontakten – »Resonanz« nennt Eidenschink den Effekt. Onaran würde vielleicht sagen: »Es macht was mit einem.«

Um diesen Resonanz-Effekt dingfest zu machen, orientieren wir uns am Schokoladenquadrat der Marke Ritter Sport. Sie alle kennen die Drei-Wort-Kombination »quadratisch, praktisch, gut«. Eine solche Kombination, so meine ich, könnte auf dem Weg zur persönlichen Personal Brand hilfreich sein. Beispiele:

- mutig, schlagfertig, klug
- charmant, belesen, zurückhaltend
- unangepasst, humorvoll, unterstützend

Im nächsten Schritt wäre dann zu überlegen, wie sich diese Eigenschaften auf welchen Bühnen inszenieren lassen. Zu »Mut« passt sicherlich Wassersport (siehe KTN), zu »Humor« passt der selbstironische Umgang mit dem eigenen Bart (siehe Zetsche), zu »unangepasst« getwitterte Weltraumfantasien (siehe Musk). Es könnte also ganz einfach sein. Ist es aber nicht.

Douglas-Chefin Tina Müller und Simone Menne, Managerin und Aufsichtsrätin diverser großer deutscher Unternehmen, machen auf eine gerne übersehene Gefahr aufmerksam: die Stereotypenfalle (Erhardt 2020):

Müller: »Ein Mann ist also durchsetzungsstark, packt an, gestaltet, geht nach vorne. Bei einer Frau heißt es häufig: Sie ist überehrgeizig und hart.« Menne: »Attribute wie ehrgeizig, zielstrebig und durchsetzungsstark werden interessanterweise immer nur Männern zugeschrieben.« Frauen indes haben »kommunikativ, empathisch und fleißig« zu sein.

Stellen sie sich kämpferisch dar, kommt das möglicherweise nicht an. Unterstreichen dagegen Männer versehentlich weiblich konnotierte Qualitäten, kommt auch das ebenso nicht an. Was dieser Fallstrick nun für CEOs und Kandidaten mit dem Kennzeichen »divers« bedeutet, vermag ich nicht abzuschätzen. Nur so viel: In jedem Branding stecken Risiken und Nebenwirkungen, die sich aus der Resonanz »im Feld« ergeben. Im Zweifelsfall also lieber langfristig beobachten und kurzfristig umsteuern.

So viel also zu Ihren persönlichen Eigenschaften, deren Inszenierung einzahlt auf das, was wir in diesem Buch das Charisma Ihrer Personenmarke nennen. Wie sieht es aus mit Ihren Leidenschaften? Welche Leidenschaften zeichnen Sie aus? Mit welchen Hobbys, leidenschaftlich betriebenen Sammlungen, persönlichen Interessen, ureigenen Motivationen und Ambitionen gehen Sie durch Ihr Leben – was bewegt Sie, und wie zeigt sich das in Ihrem Alltag?

Ihr Charisma als private Leidenschaften

Hier kommt das Thema »Purpose« ins Spiel. Dazu hat Markenexperte Christopher Spall ein Statement abgegeben [Möthe 2019], das einige von Ihnen vielleicht verwundern wird:

»Wir brauchen das Buzzword ›Purpose‹ eigentlich nicht. Beim Menschen sprechen wir vom Antrieb, den jeder herausarbeiten sollte. Kennen und nutzen Menschen ihren persönlichen Antrieb, machen sie den Unterschied. [...] Menschen stellen sich dann nicht mehr mit dem vor, was auf ihrer Visitenkarte steht, sondern mit

dem, was sie umtreibt. Das ergibt nicht nur Sinn für alle Beteiligten. Es wirkt auch erstaunlich anziehend.«

Was treibt Sie an? Welche Spuren wollen Sie hinterlassen? Das, was Sie leidenschaftlich antreibt, das ist Ihr »Sinn«. Und der bezieht sich bei so gut wie allen von Ihnen, diesen Eindruck habe ich in meiner Praxis gewonnen, nicht ausschließlich auf das, was Sie im Job erreichen wollen. Viele von Ihnen erreichen »nebenher« erstaunliche Ergebnisse als Hobbyköche und Atlantiksegler, als Jazzmusiker und Motorradschrauber, als Innenarchitekten, Golfer, Krimiautoren, Astronomen oder als Manager einer Stiftung.

Die niederländische Forscherin Emilia Bunea von der School of Business and Economics an der Freien Universität Amsterdam lieferte im Sommer 2020 eine Studie zum Thema »Grace Under Pressure: How CEOs Use Serious Leisure to Cope With the Demands of Their Job« (Bunea 2020). Auf Grundlage von Interviews mit hochrangigen CEOs (Fortune 500, S&P 500 und vergleichbares Level) zeigt sie darin, wie diese mithilfe von »Serious Leisures« Burn-out-Prävention betreiben, wie sie ihre Selbstführung und auf diese Weise ihre Wirkung – »Charisma« – als Führungskräfte optimieren. In den Worten einer Interviewpartnerin: »Show grace under pressure and never let them see you sweat.« Wie der Studie zu entnehmen ist, unterscheidet sich »Serious Leisure« im Sinne einer ernsthaften Freizeitbeschäftigung wie semiprofessionelles Golfen von »Casual Leisure« im Sinne von Netflix-Bingewatching aufgrund von sechs Charakteristika.

Serious Leisure:

1. erfordert eine signifikante Anstrengung bei der Beherrschung einer bestimmten Fähigkeit oder eines bestimmten Wissens
2. erfordert Durchhaltevermögen, da gelegentliche Rückschläge oder Frustphasen durchzustehen sind
3. hat ein eigenes Ethos, eine eigene soziale Welt mit eigenen Überzeugungen, Werten und Normen
4. wirkt als Baustein der Identitätsbildung
5. führt zum Erleben einer doppelten Karriere – einerseits im Job, andererseits in der Freizeit
6. erzeugt verschiedene Arten von dauerhaftem Nutzen

Dieser Nutzen lässt sich in sieben Dimensionen beschreiben:

1. Persönliches Wachstum
2. Aufbau von Selbstvertrauen und einem starken Selbstbild durch einzigartige Kompetenzen
3. Gefühle der Verbundenheit und Zugehörigkeit zur sozialen Welt wie der Golfer, Jazzer etc.
4. Selbstverwirklichung durch den Ausdruck der eigenen Fähigkeiten und der eigenen Individualität
5. Regeneration und Erholung
6. das Gefühl, Ziele zu erreichen
7. subjektives Wohlbefinden

Den publizierten Interviews zufolge wirkt sich dies positiv sowohl auf die Gesundheit als auch auf die Leistungsfähigkeit der CEOs aus. Wie aber, und diese Frage interessiert uns in diesem Buch viel mehr als der psychohygienische Effekt, wirken »Serious Leisures« auf die Personenmarke eines CEO?

Man muss nicht viel Zeit auf Facebook, LinkedIn oder Instagram verbringen, um festzustellen, wie viele Mitglieder der C-Suite ein ernstzunehmendes Hobby betreiben und wie intensiv sie dieses in Social Media vorstellen. In der Automotive- und Maschinenbaubranche weit verbreitet ist das Hobby Rennsport – und so findet auch eine signifikant große Zahl der Reportagen in meinem virtuellen Business-Magazin top-company-guide.com auf der Rennstrecke statt. Der in diesem Buch schon mehrfach vorgestellte John Legere kochte in seiner aktiven Zeit als CEO sonntags in Magenta-Schürze und Magenta-Shirt vor laufender Kamera, die die Session am Herd live auf Twitter übertrug (Werner 2019). Dazu Ex-Telekom-Chef René Obermann:

> *»Am Anfang war er ein kultureller Alien. Ein bisschen wie ein Rockstar in einem Symphonieorchester.«*

Goldman-Sachs-CEO David Solomon legt in seiner Freizeit als DJ D-Sol in Klubs auf; Sir Richard Branson hebt mit Kite-Surfing ab; Nick Woodman, Mitbegründer und CEO von GoPro, erzählt die Geschichte, dass ihm seine Geschäftsidee beim Surfen gekommen sei. Woodman ist heute 800 Millionen US-Dollar wert. (Bunea et al. 2020; Smyth 2020)

Und das ist der Punkt, an dem »well-being« plötzlich einzahlt auf die Personenmarke. Kreativität, Innovationskraft und Mut zeigen sich eben nicht nur in Geschichten rund um die eigene Leistung im Job, sondern auch rund um die eigene Leistung in »Serious Leisures«. Manchmal zündet der entscheidende Funke für das Profi-Leben eben in der Leisure-Pause.

Was das nun für Sie heißt? Machen Sie Ihre ernstzunehmenden Hobbys gerne öffentlich. Sie stärken damit Ihre Personal Brand. Allerdings nur dann, wenn das Hobby mit einer gewissen heroischen Aura umgeben ist. Hagebutten gehören eher nicht in diese Reihe.

Nicht zuletzt wirkt das ernsthafte Betreiben eines Privatlebens neben dem Job auch auf das Führungsverhalten: Wer mit gezielten Auszeiten signalisiert »Ich sorge dafür, dass ich nicht ausbrenne«, der motiviert Mitarbeitende im Idealfall ebenfalls zur verantwortungsvollen Selbstfürsorge. Das prägt die Wirkung einer C-Level-Führungskraft im Unternehmen massiv. Und was ist »Charisma« anderes als »Wirkung«?

Wenn Sie sich nun auf die Suche nach einer privaten Leidenschaft begeben, die Sie für Ihre Personenmarke gewinnbringend sichtbar machen wollen, kann ich nur sagen: »Serious Leisures« sind gut investierte Zeiten und gut investiertes Geld. Allerdings wirklich nur dann, wenn Ihr Interesse ehrlich ist. Noch einmal die niederländische Leisure-Studie (Bunea 2020, 13):

> *»Thus, in the quest for optimizing their personal resources, CEOs would do well to consider reconnecting with a long-lost non-work interest they had once held dear or looking for a new one while staying aware that the motivation for developing it into serious leisure should come from within, from the joy and passion it ignites, not from instrumental reasons.«*

Rennsport, Surfen und Kochen wirken also nur dann positiv, wenn Sie es aus intrinsischer statt aus extrinsischer Motivation betreiben. Es gilt einmal mehr: Bleiben Sie »true«! Davon profitiert Ihre Personenmarke am meisten. Und wenn Sie Glück haben, färbt die positive Entwicklung Ihrer Marke quasi als »Nebenwirkung« auf Ihre Persönlichkeitsentwicklung ab. Sie profitieren also doppelt – dazu Eidenschink (Eidenschink 2020/5):

> *»Es ist immer wieder eine Freude mitzuerleben, wie viel Lebensfreude, Intensität, Kraft und Unabhängigkeit Menschen zuwächst, die nicht mehr äußeren Idealen nachjagen, sondern leben, was sie sind. Diese Kraft unterscheidet sich elementar vom Getrieben-Sein, welches mit der Orientierung an äußeren Zielen einhergeht.«*

Besonders ungewöhnlich muss Ihr Hobby übrigens gar nicht sein. Bei einem so bekannten Menschen wie Facebook-Gründer Marc Zuckerberg reicht schon ein kurzes Jogging durch Berlin (2016, mit Bodyguards), um die Pressefotografen hinter dem Ofen hervorzulocken und mit sehr wenig Aufwand sehr viel auf die eigene Marke einzuzahlen.

FAZIT & FRAGEBOGEN TEIL 1

Ihr Unicorn-Markenkern zeigt sich in drei Dimensionen: Leistung, Haltung und Charisma. An dieser Stelle haben Sie die Möglichkeit, Ihre Gedanken zu Ihrer eigenen Unicorn Brand zusammenzufassen und zuzuspitzen. Im Anschluss an die folgenden Kapitel finden Sie weitere Arbeitshilfen. Wenn Sie mögen, entsteht so parallel zu Ihrer Lektüre ein erster Entwurf Ihrer persönlichen Unicorn Brand.

LEISTUNG: Was biete ich?

Mein Markenmantra oder meine **Leistung** in einem Satz?

Batman, Yoda, Wizard: Meine **Rolle** in meiner Markenstory?

Fakten, Reden, Awards: Meine **Performance** in meinem Netzwerk?

HALTUNG: Für welche Werte stehe ich?

Innovation, Integrität, Präzision: Meine wichtigsten **Werte**?

Titel, Thesen, Temperamente: Meine **Empfehlungen** für mein Netzwerk?

Charity, Kultur, Umwelt: Mein markenrelevantes **Engagement**?

CHARISMA: Womit wirke ich?

Mütze, Familie, Baum: **Symbole** für mein Charisma?

Mut, Charme, Humor: Auf welchen **Eigenschaften** gründet sich mein Charisma?

Surfen, Laufen, Kochen: Welche **Leidenschaften** passen zu meiner Marke?

VI.

UNICORN-MARKENSTIL

»Eleganz heißt nicht, ins Auge zu fallen, sondern im Gedächtnis zu bleiben.« Dieser Satz geht auf Giorgio Armani zurück und er passt perfekt zum Thema Personal Branding, so wie es Markenexpertin Talaya Waller versteht: »The personal brand image is like a picture painted in someone's mind.« (Waller 2020, 26)

Eine Marke ist ein Bild. Und ein Bild unterscheidet sich von der Realität insofern, dass alles, was auf diesem Bild zu sehen ist, kalkuliert in den Rahmen gerückt wurde. Jedes Element hat eine dezidierte Bedeutung. So ist es auch bei Ihrem Unicorn Branding. Ob Feinstrick oder Frisur, Brille oder Schuh, Geste oder Grußformel: Jedes Element Ihres Markenstils hat eine eigene Geschichte und eine präzise Aussage. Die Summe dieser Aussagen ergibt das Bild, mit dem Sie Ihrem Gegenüber im Gedächtnis bleiben.

Bevor Sie weiterblättern: Nein, Markenstil ist kein Softie-Thema für Fashion-Victims, Dandys oder Narzissten. Es ist ein Thema, das viele von Ihnen grandios unterschätzen und eines, bei dem Sie viel falsch machen können. Einerseits, indem Sie durch Einfalls- oder Konzeptlosigkeit überhaupt kein tragfähiges Bild im Kundenkopf erzeugen. Andererseits, indem Sie mit nicht anschlussfähigen Stilelementen allergische Reaktionen auslösen. Mehr als einmal habe ich im Headhunting erlebt, dass sich das Urteil »Der Typ geht gar nicht« nicht auf seine im Lebenslauf dokumentierte Leistungsfähigkeit bezog, sondern auf dessen Unfähigkeit in Sachen Stil. Mit dem Vorstand eines Automobilzulieferers spricht man nicht in Breitcord.

Warum Äußerlichkeiten selbst im Land der Denker und Schrauber so viel bedeuten und wie Sie zu einem konsistenten Markenstil kommen, selbst wenn Sie sich kein bisschen für Brillen, Maßgeschneidertes und Hairstyling interessieren, dazu kommen wir jetzt.

Was Stil überhaupt ist

Dass Ego-Propaganda so alt ist wie die Menschheit selbst, zeigt ein kurzer Ausflug in ein beliebiges Museum: Ob Karl der Große oder Jarl der Wikinger – jede einflussreiche Persönlichkeit der Geschichte, die wir heute kennen, hat es offensichtlich verstanden, einen bestimmten

Stil zur Schau zu stellen und via Schriftrollen, Münzen, Grabbeigaben, Gemälden und Statuen für die Nachwelt zu erhalten. Je nach Region und Epoche traten dabei unterschiedliche Zeichen in Erscheinung. Heute bevorzugen die Leader der Welt Rolex statt Schwert, SUV statt Schlachtross, Meerblick statt Spiegelsaal. Doch das Prinzip ist das gleiche.

Mit Stil ist also viel mehr als »Mode« gemeint. Der Begriff leitet sich vom lateinischen Wort »stilus« ab, geht also auf die Vorstellung einer Handschrift zurück. Personenmarkenexperte Christopher Spall erklärt (zit. nach Möthe 2019):

> *»Diese eigene Handschrift gilt es herauszuarbeiten. Das Zeug zum eigenen Stil hat prinzipiell jeder. Nur wenige können ihn aber fassen. Um in einer Begegnung einen prägenden Eindruck zu hinterlassen, sollte man seinen Stil bewusst einsetzen.«*

Was viele falsch verstehen: Der Sinn der Sache besteht nicht darin, den eigenen Typ ästhetisch irgendwie vorteilhaft in Szene zu setzen – im Sinne von »Ein Herbsttyp trägt am besten Dunkelrot ...«. Überlassen Sie diese Oberflächenfragen getrost der Zunft der Farb- und Stilberater. Es geht vielmehr darum, einen bestimmten Netzwerkeffekt zu erzielen. Das heißt: Mit dem eigenen Markenstil eine belastbare Schnittstelle herzustellen zum Feld der Player, auf dem man mitspielen will. Ihr Stil schafft Anschluss und Zugang.

Denn mit Ihrem Stil markieren Sie die Zugehörigkeit zu einer bestimmten sozialen Gruppe über die Kommunikation bestimmter Zeichen. Das können Interessen sein (Golf, Polo, Segeln), Vorlieben (Malediven, Capri, Sylt), Fähigkeiten (Tiefseetauchen, Kitesurfen, Sushi rollen), Markenkenntnisse (Tesla, Rolex, Moscot), Lifestylekenntnisse (Hipsterkaffee aufgießen, Lastenfahrrad parken), Ortskenntnisse (welches Zimmer in welchem Hotel in New York das beste ist) und milieutypisches Geheimwissen (in welcher Straße in Neapel die besten Hemdenmacher zu finden sind). Ziel ist also: Verbindung aufbauen. Und auf diesem Weg: Vertrauen wecken. Und auf diesem Weg: Erfolg im Business. Ihr Markenstil ist tatsächlich ein harter Wirtschaftsfaktor. Dass das so ist, lässt sich in der Automotive-Branche ganz besonders gut zeigen.

Ihr Kleidungsstil: Jeder Kragen ist eine Ansage

Beginnen wir mit dem größtmöglichen Kontrast: Stellen wir uns auf der einen Seite Bugatti-Chef Stephan Winkelmann vor und auf der anderen Seite Daimler-Chef Ola Källenius. Beide könnten unterschiedlicher nicht auftreten und beide verkörpern ihre jeweilige Unternehmensmarke in Perfektion.

Erstens: Winkelmann. Auf einem seiner offiziellen Porträts präsentiert sich der Bugatti-Chef in einem blauen, perfekt geschneiderten Zweireiher mit überbreitem Spitzrevers und hochgeschlossenem Hemdkragen, mit buschigen Koteletten und gescheiteltem, nicht gerade kurz getrimmtem Haar. Dazu addiert er statt Manschettenköpfen offenstehende Hemdsärmel, bunte Hippie-Armbänder (Perlen, Leder, Silberkugeln) und ein feines Einstecktuch. Arme vor der Brust verschränkt – fertig ist der Signature Look. Dass auf Twitter nicht nur die Personalie Winkelmann diskutiert wurde, sondern auch sein Look – »Sieht aus wie Abraham Lincoln!« –, spricht für den Erfolg seiner Unicorn-Marke. Was steckt dahinter? Eine Spielerei? Mitnichten.

Stephan Winkelmann ist in Berlin geboren, zog aber schon im ersten Lebensjahr um nach Rom. Vater Diplomat, Studium in München, steile Karriere in der Autobranche: Für seinen Erfolg bei Lamborghini erhielt er einen der höchsten Verdienstorden Italiens. Winkelmann – im Herzen Italiener. Und stilistisch erst recht.

Blick auf die Details: Das übergroße Spitzrevers ist mehr als 100 Jahre alt. Dieses formelle Element war traditionell üblich für den teuren Frack und ist der komplizierten Schneiderarbeit wegen auch die teuerste Kragenform. Es war niemand geringerer als Gianni Agnelli, unter dem ab 1953 Fiat zum größten Automobilhersteller Europas wurde, der diesen Kragen in die Modewelt der italienischen Industriellen eingeführt hatte. Agnelli gilt als einer der elegantesten Männer seiner Generation. Er hatte es zu seinem Markenzeichen gemacht, Maßanzüge auf eine völlig verquere Art zu tragen: mit falsch gebundener Krawatte, mit offenstehendem Hemdkragen, mit Cartier-Uhr über der Hemdmanschette. Dies alles mit einer selbstverständlichen Nonchalance, die nach ihm kaum jemand mehr erreichte. Mit einer Ausnahme:

Sein Enkel Lapo Elkann erbte die komplette Garderobe des Großvaters und trägt sie nun auf seine eigene, exzentrische Art und ergänzt durch farbige Brillen weiter. Auch er hat eine Karriere in Italiens Automotive-Industrie vorzuweisen – leider ist er den Boulevard-Medien zwischenzeitlich als Enfant terrible mit Absturzneigung aufgefallen, aber das ist eine andere Geschichte. Winkelmann, darum geht es an dieser Stelle, greift auf Agnellis Formenrepertoire zurück. So schafft er Anschluss an die große Zeit der italienischen Automobile, er schafft Anschluss an die großen Familien der italienischen Automobil-Industrie und er schafft außerdem Anschluss an die Käuferschaft ebendieser Automobile.

Seine Exzentrik ist kalkuliert, sie ist perfekt inszeniert, und sie geht sogar zurück auf eine viel ältere Tradition der italienischen Männermode – genannt Sprezzatura. Gemeint ist der kalkulierte »Modefehler«, der die Fantasie des Gegenübers anregt und sowohl die Eleganz als auch die Lässigkeit und überlegene Haltung eines Mannes unterstreicht, der sich selbst als seine eigene Schöpfung begreift. So zumindest erklärt der italienische Kunstprofessor Andrea Baldini den Effekt der Sprezzatura in einem Aufsatz [Baldini 2018]:

> *»By performing in a certain way, the stylish man does not simply represent himself, but constitutes his own identity. The path to elegance, to sprezzatura, is therefore a path of self-creation.«*

Auf der anderen Seite nun Ola Källenius. Blauer Anzug, weißes Hemd, randlose Brille, Scheitel, fertig. Alternativ: skandinavisch-zurückhaltendes Smart Casual. Källenius zeigt, dass der eigene Markenstil nicht zwingend exzentrisch sein muss, sondern dass man sich auch für das genaue Gegenteil entscheiden kann: Supernormalität.

Auch diese Stilrichtung hat eine lange Tradition, und wenn ich nun mit einem Ausflug in die Comicgeschichte beginne, heißt das nicht, dass ich mich darüber mokieren möchte. Im Gegenteil. Ihnen allen bekannt ist die Tarnfigur des US-amerikanischen Comic-Helden »Superman«. Als supernormaler Büroangestellter Clark Kent taucht der Held im Alltag unter. Seine Tarnung besteht aus Anzug, Krawatte, Nerdbrille, Scheitel. Denn seine größte Sorge ist nicht Antagonist Lex Luthor, sondern die Enttarnung seiner wahren Identität.

Schauen wir uns die führenden Köpfe der deutschsprachigen Automobilindustrie an, sehen wir praktisch nirgendwo den Markenstil Agnellis – stattdessen sehen wir durchgehend Clark Kent. Das hat einen guten Grund.

Anders als Bugatti und, um ein weiteres gut bekanntes Beispiel zu nennen: Chanel (Sie kennen den Look eines Karl Lagerfeld), steht Daimler nicht für exzentrischen »Geltungskonsum«. Daimler steht für Solidität, für Präzision, für Wohlstand, neuerdings auch dezidiert für Luxus – Sie kennen die aktuellen Werbespots für die S-Klasse. Also für eine ingenieurhaft-bürgerliche Art des Erfolgs, die viel besser zu einem unauffälligen, dunkelblauen Anzug passt als zu einem exzentrischen Modekunstwerk mit kalkuliertem Störeffekt. Die Münchner Professorin und Modehistorikerin Barbara Vinken schreibt in ihrem Buch »Angezogen: Das Geheimnis der Mode« zur Geschichte des Herrenanzugs nach der Französischen Revolution (Vinken 2013, 36):

> *»Der Anzug wird zum nüchternen Sinnbild stoisch-christlicher Tugenden, die der Bürger verkörpern soll: continentia, modestia, abstinentia (Selbstbeherrschung, Bescheidenheit, Enthaltsamkeit).«*

Der Herrenanzug steht für die Abkehr von der überbordenden Verschwendung der Aristokratie und für die Hinwendung zu den Prinzipien der bürgerlichen Leistung und demokratischen Ordnung. Kein Wunder also, dass der US-amerikanische Ex-Präsident Barack Obama über seine Frau Michelle in der Stilgazette »Vogue« seine eigene Anzuggeschichte kolportieren lässt (Salemme 2020):

> *»Egal, was wir tun, er zieht immer den gleichen Smoking an« (...) Die Leute machen Fotos von den Schuhen, die ich trage, den Armbändern, der Halskette – aber sie haben nicht kommentiert, dass er acht Jahre lang den gleichen Smoking und die gleichen Schuhe getragen hat. (...) Er war auch stolz darauf, er sagte: ›Ich bin bereit. Ich bin in zehn Minuten fertig, wie lange hast du gebraucht?‹«*

Männer wie Obama, wie Källenius, aber auch wie Bill Gates oder die unzähligen anderen High Performer in ihren blauen Anzügen und weißen

Hemden, sprechen über ihren Markenstil eine andere Sprache als die Agnellis, Winkelmanns und Lagerfelds dieser Welt: Statt auf »standing out« setzen sie auf »fitting in«. Und »fitting in« bedeutet, die »Kunst des Kunstlosen« [Barbara Vinken] zur Perfektion zu treiben. Es geht also gerade nicht darum, »ins Auge zu fallen« [Giorgio Armani], sondern darum, als betuchter Körper unter der Aufmerksamkeitsschwelle des Gegenübers zu bleiben. Dazu Vinken, die selbst als Grande Dame auftritt [Vinken 2013, 155]:

»Auffallen darf lediglich, in wie vollkommener Weise man nicht auffällt.«

Der legendäre Rollkragenpullover eines Steve Jobs oder die nicht minder legendären, grauen T-Shirts eines Marc Zuckerberg kommen zwar aus einer anderen Textiltradition, bedeuten aber genau das Gleiche: »Ich habe Besseres zu tun, als mich um Äußerlichkeiten zu kümmern.« Gleichzeitig wirkt ein so ostentativ asketischer Stil durch und durch ambitioniert. Dies, weil gerade hinter dem Rollkragenpullover eine lange Reihe legendärer Granden strammsteht: Jean-Paul Sartre, Michel Foucault [Besonderheit: weißer Rolli], Dieter Rams und viele mehr, nicht zuletzt die Intellektuellen aus Woody-Allen-Filmen. Und dies auch, weil sich, anders als unter einem Anzug, in einem Rollkragenpullover kein Hüftschwabbel verstecken lässt. Dieser Markenstil ist personifizierter Hochleistungs-Minimalismus. Er bringt die drei Facetten der Unicorn-Brand-Trias – Leistung, Haltung, Charisma – perfekt auf den Punkt. Dass Zuckerberg statt des wollenen Rollkragens nun ein baumwollenes Leiberl bevorzugt, mag schlicht und ergreifend an Palo Altos Sommerklima liegen.

Natürlich könnten wir nun im Detail noch über die Statussymbole Uhr, Schuh, Tasche und Smartphone sinnieren – doch das ginge zu weit. Über implizites Wissen zu diesen Themen verfügen die meisten von Ihnen ohnehin. An dieser Stelle war es mir lediglich wichtig, einen Teil dieses Wissens explizit zu machen. Damit Sie sich bei der nächsten Entscheidung zwischen Samtjackett und Maßgeschneidertem, Rollkragen oder T-Shirt darüber klar sind: Bei der Frage nach Ihrem Markenstil geht es nicht um Geschmack. Es geht um Kommunikation. Ihre Marke schafft den Link zu Ihrer Bezugsgruppe. Oder funkt ins Leere.

Ihr Logo ist Ihr Gesicht

Ihre Kleidung, Ihre Bewegungen, Ihre Sprache, Ihre Mails: Es ist Ihr kompletter Markenauftritt, der sich im Kundenkopf einbrennt. Sei es nun, weil Sie nach dem Vorbild Gianni Agnellis in die Fußstapfen der italienischen Kunst der Sprezzatura treten oder weil Sie nach dem Vorbild Steve Jobs auf eine stilistisch perfektionistische Art so tun, als sei Ihnen Stil gleichgültig. Und das ist der Grund, warum Sie für Ihre Personenmarke kein Logo brauchen. Sie sind das Logo. In Zeiten von Facebook, Instagram und Zoom-Konferenzen schrumpft Ihre Werbefläche nun allerdings zusammen auf Ihr Gesicht. Ihr *face* ist Ihr *book*. Moment ... Wirklich?

Dass dies bei anderen Führungsfiguren längst der Fall ist, beweist ein kurzer Assoziationstest. Douglas-CEO Tina Müller? Ihr Kopfkino meldet die auffällige Haarpracht und den knallroten Lippenstift. Elon Musk? Grimassen. Zuckerberg? Bademützenfrisur. Trump? Saugnapf-Mund, Selbstbräunerteint, blondierte Fusseltolle. Markenexpertin Waller bestätigt diese Beobachtung [Waller 2020, 25]

> *»Unlike products, humans do not require logo designs to serve as a distinct mark for their brand. The human face is a unique, recognizable feature, that can represent brand associations and identity.«*

Ein älteres, Ihnen bekanntes Beispiel zum Thema Gesicht = Logo ist das Markenzeichen des US-amerikanischen Fast-Food-Unternehmens KFC. Das Logo besteht hauptsächlich aus Harland David Sanders' Porträt. Laut Forbes war die Marke KFC im Jahr 2019 rund 8,5 Milliarden US-Dollar wert – Unternehmensgründer Sanders hatte diese Entwicklung nicht vorhergesehen und seine Personenmarke nicht ausreichend geschützt.

Wir halten fest: Die Essenz einer Personenmarke ist ihr Gesicht. Ihr Gesicht ist Ihr Logo. Schon drängt sich die nächste Frage auf: Was tun Sie mit einem Gesicht der Kategorie Clark Kent? Wie also fallen Sie mit einem Gesicht auf, das nicht auffällt?

Die Antwort heißt: »Gesichtsmöblierung« (Braatz/Wichert 2018). Beginnen wir oben, mit der Kopfbedeckung, streifen wir die Geschichte der Brille und enden wir unten, am Bart. Sie brauchen sich jetzt nur kurz Donald Trump mit seiner knallroten MAGA-Schirmmütze vorzustellen oder Steve Jobs mit seinem tatsächlich preisverdächtigen Bart (Jobs kam 2008 im Fortune Magazine Contest um den schönsten Bart immerhin in die erste Runde), um einzusehen, dass auch dieses Thema mehr ist als »Gedöns«. Jedes Teil Ihrer Gesichtsmöblierung ist ein Programmcode für Ihre Personenmarke. Nun denn:

Das Tragen einer Wollmütze auch in Innenräumen gilt seit ungefähr 2007 als schick. Es war David Beckham, der als erster öffentlich mit diesem Accessoire in Erscheinung trat, das Max Scharnigg in der SZ als »Kissen to go, Dauerfrisur und Glatzentünche« auf den Punkt brachte (Scharnigg 2013). Heute trägt Ex-Adidas-Chef Kuhna eine rosa Wollmütze in China, Ex-Opel-Chef Neumann trägt eine dunkle Wollmütze auf dem Berg und Twitter-Chef Jack Dorsey trägt eine tief ins Gesicht gezogene, schwarze Mütze im TED-Talk. Und nicht nur die Mütze. Das dazu kombinierte schwarze Kapuzensweatshirt, die schwarze Hose und schwarzen Stiefel ließen ihn aussehen wie einen Hacker. Ein Twitter-Kommentar zu diesem Auftritt (»Fun Challenge: Jede berufstätige Frau soll so gekleidet zur Arbeit erscheinen.«) wurde mit 12.000 Likes und Hunderten von Kommentaren quittiert. Was zeigt: Mütze findet die Öffentlichkeit nicht unbedingt gut. Aber Mütze zeigt Haltung. Und Mütze macht Marke. Wenn auch vorwiegend Männermarken. (Kindelan 2019)

Auch Brille macht Marke. Woody Allen hat eine dicke, Iris Apfel hat eine große, Elton John hat viele – Brillen sind als Künstler-Accessoire längst etabliert. Aber Brillen definieren auch Personenmarken im Business. Steve Jobs Markenzeichen war eine Rundbrille ohne Rand, Microsoft-Chef Satya Nadella trägt eine schwarze, Ola Källenius eine fast unsichtbare. Unter Automanagern hierzulande sieht man praktisch nur drei Modelle: Clark Kent (eckig, markant), Zetsche (mit Halbrand) und eben Källenius (eckig, randlos). Die wenigsten Mitglieder der C-Level-Suite lassen sich in Sachen Brille zu einem Statement-Piece hinreißen, wie es etwa Woody Allen oder John Lennon getragen haben. Beide waren Kunden der berühmten Brillenmanufaktur »Moscot« aus der New Yorker Lower East Side, die ihre Geschäfte seit fünf Generationen betreibt, die für das »Manhattan-Lebensgefühl« schlechthin stehen will und heute selbstverständlich auch in europäischen Lifestyle-Städten vertreten ist. Mailand zum Beispiel (vgl. Fotostrecke »Dicke Rahmen für berühmte Brillenträger« in Manager Magazin, o. A. 2020).

Die meisten Mitglieder der C-Level-Suite nennen aber durchaus ein Statement-Piece ihr Eigen, wenn es um Sonnenbrillen geht. Sie brauchen sich nur kurz im Motorsport umzuschauen, um diesen Eindruck zu bestätigen. Laut Businessinsider.com (Cakebread 2017) tragen Tim Cook, Jeff Bezos und andere milliardenschwere Tech-Manager praktisch gar keine wertvollen Maßanzüge oder Uhren mehr, sondern signalisieren ihre Zugehörigkeit zur Elite nur noch mit High-End-Sportschuhen und Luxusbrillen.

Wichtiger noch: Sie signalisieren via Sonnenbrille ihre Zugehörigkeit zu einer langen Geschichte. Das ist die über Jahrzehnte durch das Kino geschriebene und gefeierte Geschichte des »Cool«. Nehmen Sie als Beispiel die »Persol«-Modelle mit dem Silberpfeil, bekannt durch Marcello Mastroianni, Steve McQueen und Daniel Craig. Und nehmen Sie »Pilotenbrillen« wie das Modell Ray-Ban Aviator, die berühmte Auftritte mit Marlon Brando hatte, Al Pacino und Tom Cruise. Fliegerbrille steht für »Top Gun« und »Top Gun« steht für cool. Heute steht sie sogar für »Elder Statesmen«. Die Fliegerbrille ist das Markenzeichen des seit 2021 amtierenden US-Präsidenten Joe Biden. Er trägt sie immer und überall, sein Online-Shop vertreibt T-Shirts mit aufgedruckter »Aviator« und auch besagte Brillen selbst in Rot, Weiß und Blau mit Biden-Harris-Logo. Als das Ergebnis der US-Wahl in der Schwebe war, postete Biden sein Markenzeichen, die Brille, in einer pastellblauen Animation mit der Bitte, Ruhe zu bewahren und den Glauben an seinen Sieg. Warum funktioniert das? Weil die Pilotenbrille genau das Bild von Biden widerspiegelt, für das er in seinem Wahlkampf stehen wollte: Verantwortungsvoll, aber mit Coolness. Vintage, aber nicht Old School. Maskulin, aber nicht MAGA.

Warum ich Ihnen das alles aufschreibe? Um Ihnen klarzumachen, dass Ihr komplettes Outfit inklusive Frisur, Kragen und Brille Teil Ihrer Bewerbungsunterlagen ist. Wenn Sie bei einem exklusiven, italienischen Sportwagenhersteller Karriere machen wollen, brauchen Sie selbst einen italienischen Exklusiv-Style. Wenn Sie zu einem Schraubenpresser auf die Schwäbische Alb wollen, brauchen Sie einen bodenständigeren Look, es müssen ja nicht gleich das Karohemd und die Heinz-Schenk-Brille sein. Im Automotive-Start-up wiederum sollte es gerade kein Hemd sein, eher ein Shirt unter dem Sakko und auf der Nase ein Hipstergestell. Es sei denn, Sie heuern bei einem Marketing-Start-up an – bei Gründerlegende Christoph Bornschein in Berlin zum Beispiel – dann braucht es vielleicht doch wieder Karos und Doppelstegbrille. Es kommt eben immer auf den Einzelfall an.

Fakt jedenfalls ist: Wenn Sie über Ihre Personal Brand in Kontakt treten wollen mit spannenden Geschäftspartnern, Unternehmern, Personalern oder Kunden, kommen Sie um die geschickte Außengestaltung Ihrer eigenen Biomasse nicht herum. Beobachten Sie also genau, wie sich Ihre (zukünftige) Bezugsgruppe zur Schau stellt und machen Sie sich kompatibel. Aber nicht zum Affen.

Nachtrag: Sie müssen mich nicht besonders gut kennen, um festzustellen, dass die Ausstattung meiner eigenen Personenmarke zwar exklusiv, aber unspektakulär daherkommt. Ich trage weder Koteletten noch Mütze noch Brille. (Außer bei Rennsportveranstaltungen, zu diesen Gelegenheiten treffen Sie auch mich mit Pilotenbrille an.) Ansonsten aber: unspektakulär. Der Grund ist klar: Diskretion ist mein Markenzeichen und mein wichtigster Wert für Sie ist mein Netzwerk. Deshalb sehen Sie auf meinen Porträtfotos eben nicht Eckelt im Zentrum, sondern jeweils einen für Automotive relevanten Gesprächspartner – oder sogar ausschließlich diesen Gesprächspartner. Mein Markenzeichen ist statt meiner eigenen Nase das Doppelporträt. Mein Markenzeichen ist die Bühne für Sie.

Dass Ihr Netzwerk nicht einfach nur ein Publikum für Ihre Personenmarke ist, »sondern wertvoller Bestandteil« dieser Marke (Onaran 2020, 150), das gilt für jeden von Ihnen. Und das ist auch der Grund dafür, dass Sie auf LinkedIn, XING, Facebook und Co. so viele »Selfies mit Promi« sehen. Ihre Verbindungen machen Ihre Marke wertvoll.

Körpersprache: Warum die Merkel-Raute funktioniert

In einer Zeit, in der wichtige Entscheider nicht nur pausenlos von Pressefotografen umstellt sind, sondern sich per Selfie auch noch selbst pausenlos ablichten, werden körpersprachliche Markenzeichen relevanter.

Jeder von Ihnen kennt die beliebteste Geste der derzeit noch amtierenden Bundeskanzlerin, die sogenannte »Merkel-Raute«, die laut Cicero.de »Selbstbewusstsein bei gleichzeitiger Friedhofsruhe« signalisiert [Verra 2019]. Jeder kennt auch die raumgreifende Armakrobatik eines Donald Trump – in der horizontalen Richtung nach dem Modell Akkordeonspieler, in der vertikalen in der Art Hau-den-Lukas. Ob stille Größe oder Hochdruckdynamik, beides macht Eindruck. Beides muss nicht Ihr Vorbild sein, sondern soll lediglich verdeutlichen: Ihr Gegenüber nimmt wahr, was Sie mit Ihren Händen tun. Wenn sich Bugatti-Chef Winkelmann auf fast jedem Foto mit verschränkten Armen präsentiert, merkt man sich das.

Das gilt auch für Ihre Mimik. Merkel: unbewegt. Trump: schmollend, schreiend, die Lippen schürzend. Ganz anders wiederum Führungsfiguren wie der Chef des Burladinger Textilunternehmens TRIGEMA, Wolfgang Grupp, über den Businessinsider.de schreibt [Hergert 2020]:

> *»Seine Initialen WG schmücken die Brusttaschen seiner weißen Hemden, ein Kragenstab hält die Krawatte, die farblich stets zum Kavalierstuch im Sakko passt, auf perfektem Abstand: Wolfgang Grupp lässt optisch nichts anbrennen, grinst seit seiner Übernahme Trigemas 1969 immergleich in die Kameras, deren Aufmerksamkeit er sichtlich genießt.«*

Das Lächeln ist sein Markenzeichen. Dass er seit 1969 »immergleich« lächelt, unterstreicht seine Beständigkeit. Ein Markenzeichen muss nicht schrill sein, um gut zu sein. Im Gegenteil. Und das gilt auch für Ihren Markennamen.

Ihr Markenname: In der Kürze liegt die Würze. In der Länge auch.

Für eine internationale Karriere ist es nicht förderlich, wenn man Josef Käser heißt. Aber es ist kein Hinderungsgrund. Weil Namen zu Lebzeiten noch nicht in Stein gemeißelt sind und weil die Einprägsamkeit eines Namens sehr auf den Erfolg einer Personal Brand einzahlt, werden Namen eben entsprechend geformt. Der Erfolg des Siemens-Vorstandsvorsitzenden Joe Kæser spricht für dieses Prinzip.

Gehen wir die Liste der international erfolgreichen Führungskräfte durch, treffen wir auf eine Vielzahl markengerecht verknappter Vornamen: aus William Richard wurde Bill McDermott, aus Jeffrey Preston wurde Jeff Bezos, aus Timotheus wurde Tim Höttges. Ein neues Phänomen ist dies nicht: Schon John Francis Welch trat auf als Jack.

Drei bis vier Buchstaben scheinen für einen Marken-Vornamen optimal zu sein. Mein eigener Name »Wolfgang« ist nach diesem Maßstab deutlich zu lang. Ich habe den Namen durch das Einfügen einer Mittelinitiale sogar noch verlängert. Warum? Kein Spross einer »alten Familie« trägt einen kurzen Namen. So nennt sich ein Karl-Theodor Maria Nikolaus Johann Jacob Philipp Franz Joseph Sylvester Buhl-Freiherr von und zu Guttenberg natürlich nicht Kalle, genauso wenig, wie ich mich jemals Wolle nennen lassen würde. »Wolfgang K.« passt zur Marke nicht zuletzt deshalb, weil niemand weiß, wofür dieses K steht. Und das passt zu einer der wichtigsten Eigenschaften meiner Personenmarke: Diskretion.

Je nach sozialem Umfeld macht also die Verlängerung Ihren Namen attraktiv – oder die Verknappung. Es war übrigens Dieter Zetsche, der die Verknappung sehr früh sehr weit getrieben hat: mit seiner Verwandlung in die Comicfigur »Dr. Z«. Im Jahr 2006 trat Zetsche sowohl in US-Fernsehspots auf als auch in Printanzeigen und zusätzlich auf einer eigenen Webseite. Markenzeichen: deutscher Akzent und wackelnder Schnauzbart. Catchphrase: »Ask Dr. Z!« (Sieben 2006).

Dass erfolgreiche Personenmarken wie Karl-Thomas Neumann in Social Media unter Buchstabenkürzeln firmieren – KTN – könnte man als doppelte Namenstrategie bezeichnen: die edle Langform beibehalten und mit der kurzen Punkte sammeln.

Und damit zum nächsten Thema: Auf welchen Bühnen bringen Sie nun Ihren sorgfältig konzipierten Markenstil zur Aufführung? Und wie gelingt Ihnen das überzeugend?

FAZIT & FRAGEBOGEN TEIL 2

Stilistisch haben Sie die Wahl: Sie können auf »standing out« setzen oder auf »fitting in«. Bei der Frage nach dem für Sie richtigen Markenstil geht es allerdings nicht (allein) um Ihren Geschmack. Es geht darum, einen Link zu Ihrer Bezugsgruppe zu schaffen. Gut zu wissen: Ein Logo brauchen Sie nicht. Ihr »face« ist Ihr »book«. Und ein besonders schrilles nonverbales Markenzeichen brauchen Sie auch nicht: Ihre Körpersprache muss vor allem stimmig sein.

MARKENSTIL: Wie stelle ich mich dar?

Brille, Haare, Lippenstift: Was macht mein **Gesicht** zur Marke?

....

....

Kragen, Rolli, Uhr: Welcher **Kleidungsstil** passt zu meiner Marke?

....

....

Lächeln, Zeigen, Zwinkern: Meine **nonverbalen Markenzeichen?**

....

....

VII.

UNICORN-MARKENAUFTRITT

Personal-Branding-Strategien werden gerne mit Social-Media-Strategien gleichgesetzt. Diese Einschätzung ist falsch und sie ist, so meine ich, Publikationen zu verdanken, die in jüngster Zeit zu diesem Thema erschienen sind. Viele davon übrigens auf Papier, einem 2.000 Jahre alten Kommunikationsmedium. Die massenhaft publizierten Schriften jedenfalls beweisen nicht, dass ohne Social Media heute gar nichts mehr geht. Sie beweisen lediglich, dass man mit Social-Media-Beratung derzeit gutes Geld verdienen kann.

In diesen Schriften nicht zur Sprache kommt deshalb das Thema Social-Media-Fatigue: die steigende Lustlosigkeit, sich mit dem lärmenden, mit »Fake News« und Hasstiraden verdorbenen, virtuellen Netzwerken überhaupt noch zu befassen. Nicht zur Sprache kommt außerdem die nach wie vor hohe Relevanz der klassischen Bühnen der Wirtschaftswelt: das Hotel, der Club, die (Flughafen-)Lounge und der einzige Ort, der durch die Einschnitte der jüngsten Pandemie nicht berührt worden ist: die Privatwohnung.

Denken Sie das Thema also größer: Wenn es um Personal Branding geht, ist alles Bühne. Natürlich gehört auch Social Media dazu, natürlich mag es sein, dass Social Media mit der Verjüngung der C-Suites an Relevanz gewinnt. Dennoch sage ich: Vernachlässigen Sie die analogen Business-Bühnen nicht. Dazu gehören neben realen Treffen nach wie vor die klassischen Printmedien. Welcher Manager wünscht sich nicht den ganzseitigen Bericht in der »Frankfurter Allgemeinen Zeitung«, im »Handelsblatt« oder in der »Wirtschaftswoche«. Wer wäre nicht gerne einmal das Covermodel des »Rolling Stone« der deutschen Industrie: dem »Manager Magazin«. Sie sehen: mediale Bühnen verschwinden im Lauf der Geschichte nicht. Sie verändern lediglich ihre Rolle.

Es wird Ihnen nicht entgangen sein, dass ich selbst alle diese Bühnen bespiele: Auf die Markenbildung von Unternehmen fokussiert das von mir seit 17 Jahren herausgegebene Business-Magazin »Top Company Guide« (bis 2018 unter dem Namen »Top Career Guide Automotive«). Das jährliche Treffen »Eckelt Consultants Business Talk« in Stuttgart stellt einen weiteren, wichtigen Eckpfeiler dar. Darüber hinaus biete ich über meine Webseite top-company-guide.com interessanten Persönlichkeiten eine Bühne für ihre fachliche und persönliche Einschätzung relevanter Entwicklungen. Über LinkedIn kommentiere ich diese Entwicklung selbst und poste dort auch regelmäßig Analysen, Essays und News. Nicht zuletzt dient auch mein Stuttgarter Büro als professionelle Bühne, besser gesagt als Backstage für Sie. Hier biete ich in einem absolut diskreten Rahmen persönliche Treffen für Coachings und Beratungen an. Alle diese Bühnen dienen – das möchte ich an dieser Stelle betonen, weil es genauso für Ihre Bühnen gilt – gerade nicht der Inszenierung meiner eigenen »Pracht und Herrlichkeit«. Diese Bühnen dienen dem Dialog mit Ihnen. Sie geben Ihnen ein attraktives Gesicht. Und sie haben das Ziel, Unternehmen in den Branchen Automotive-Industrie, Maschinen- und Anlagenbau sowie die Elektrik- und Elektronikindustrie ein für Bewerberinnen und Bewerber attraktives Gesicht zu geben.

Wie Sie die aktuelle Landschaft der Medienbühnen für Ihr Branding nutzen können, darum geht es in diesem Kapitel.

Professionelle Bühnen: Wo sich Unicorns zeigen

Während alle Welt gebannt in die Smartphones starrt, entspinnen sich die relevanten Entwicklungen weiterhin in der wirklichen Welt. Zum Beispiel der jüngste Megadeal: Im Januar 2021 fusionierten die Autokonzerne Groupe PSA und Fiat Chrysler Automobiles und bildeten zusammen den – nach Absatz – viertgrößten Autohersteller Stellantis. Eine Fusion, die sich auch auf die hiesigen Opelwerke auswirkt. Hoch relevant. Alle Augen richteten sich auf Konzernchef Carlos Tavares. Und sahen von ihm auf Social Media: nichts. Also berichtete, um ein Beispiel herauszugreifen, das »Handelsblatt« über Tavares auf den realen Bühnen der Welt (Kuchenbecker 2019):

> *»Er geht mit bestem Beispiel voran, lebt selbst nicht auf großem Fuß, reist im Zug zweiter Klasse und fliegt Economy. Auf Dienstreisen steigt er gern in Drei-Sterne-Hotels ab. Bei der Sanierung von zugekauften Unternehmen setzt der Sanierer in der Regel auf eine kleinere Modellpalette und die Nutzung von einigen wenigen Fahrzeugplattformen über alle Marken hinweg.«*

Wie jemand reist, wo jemand wohnt – alles wird beobachtet, als fände es auf einer Bühne statt. Alles wird in Beziehung zu Business-Entscheidungen gesetzt. Alles ist relevant. Und dass Tavares weder auf LinkedIn noch auf Twitter aktiv ist, zeigt: Er hat Besseres zu tun.

Gerade für C-Level-Manager, die sich derzeit nach einer neuen Position umschauen, ist erhöhte Aktivität auf realen Bühnen empfehlenswert. Das Gleiche gilt für Nachwuchsführungskräfte, die sich auf den richtigen professionellen Bühnen sichtbar machen müssen, wenn sie von dem für sie relevanten Zielpublikum wahrgenommen werden wollen. Ein Grund dafür ist die nach wie vor wichtige Praxis in jeder internen Personalabteilung und in jeder externen Personalberatung: das Einholen von Referenzen.

Bei der Besetzung von Positionen im Top-Management wird tatsächlich bis heute eine Referenz-Auswahl verlangt. Diese Auswahl trifft in der Regel der Bewerber selbst. Im Vorfeld spricht er selbstverständlich alle möglichen Referenzgeber persönlich an und er ist klug, wenn er jeden Referenzgeber mit einem treffenden Pitch-Satz ausstattet. So kommt es, dass sich die High Performer unter den Bewerbern via Referenzgeber-Casting ihr Zeugnis praktisch selbst ausstellen – dann, wenn sie ihre Netzwerke in der realen Welt gut gepflegt haben.

Es steht Ihnen also frei: Sie können in den sozialen Medien ein überzeugendes Markenbild von sich aufbauen. Sie können Ihre Personenmarke aber genauso gut auf den realen Bühnen der Wirtschaft in Szene setzen. Im Idealfall tun Sie beides. Werfen wir einen kurzen Blick auf die im Normalfall – also außerhalb pandemiebedingter Lockdowns – bespielten realen Bühnen. Was gehört dazu?

- **Interne professionelle Bühnen:** Meetings, Vorstellungsgespräche, Events, jegliche interne Kommunikation, gemeinsame Mahlzeiten, gemeinsame Wege im Unternehmen [Stichwort »Elevator Pitch«]

- **Externe professionelle Bühnen:** Messen, Konferenzen, Vorträge, Podiumsdiskussionen, Eröffnungen von Ausstellungen oder Institutionen, politische Veranstaltungen

- **Klassische Medienbühnen:** Auftritte in Talkshows, Interviews oder eigene Beiträge in (Fach-)Zeitschriften, Fachaufsätze und Studien, Gastbeiträge in Büchern, eigene Buchveröffentlichungen

- **Virtuelle Bühnen:** Profile und Aktivitäten auf Business-Plattformen wie LinkedIn oder XING, auf eher freizeitorientierten Plattformen wie Facebook oder Instagram, auf Kurznachrichtenkanälen wie Twitter oder auf Videokanälen wie YouTube

- **Private Bühnen:** Einladungen zu Abendessen, neuerdings auch zu Spaziergängen, private Einblicke via Wohnzimmerhintergrund bei Videokonferenzen

Auf internen und externen Business-Bühnen gilt genau wie im Theater: acting is reacting. Deshalb empfiehlt es sich, vor jedem Kontakt mit für Sie erfolgsentscheidenden Gesprächspartnern relevante Hintergrundinformationen zu recherchieren. Mit dem dezidierten Wissen um die Aktivitäten Ihres Gegenübers gelingt es Ihnen leicht, offen und interessiert in Kontakt zu treten, den Nutzen Ihrer eigenen Personenmarke auf den Punkt zu bringen, auf Statements Ihres Gegenübers informiert zu reagieren und im Idealfall Visitenkarten auszutauschen. Das Medium »Visitenkarte« stammt zwar aus dem höfischen Zeremoniell des 17./18. Jahrhunderts, ist aber auch heute noch immer fester Bestandteil der Geschäftskultur.

Genau wie bei Hofe geht es auch heute noch darum, als entspannter, angenehmer und charmanter Gesprächspartner in Erinnerung zu bleiben – und keinesfalls als sich anbiedernder Möchtegern, als nervender Eigenwerber oder verhaltensgestörter Nerd. Dass diese Chancen und Fallstricke des gesellschaftlichen »Parketts« auf eine lange Geschichte zurückgehen, zeigt ein Brief des Earl of Chesterfield, den er im Dezember 1749 an seinen offenbar verzogenen und in Karrierefragen unmotivierten Sohn schreibt (»Über die Kunst, ein Gentleman zu sein«, Chesterfield 2019, 161f):

> *»Große Talente und große Tugenden (…) werden Dir die Achtung und Bewunderung der Menschheit eintragen. Es sind jedoch die minderen Tugenden die ›leniores virtutes‹, die dir ihre Liebe und Zuneigung einbringen müssen.«*

Gemeint sind »die minderen, aber gewinnenden Tugenden Freundlichkeit, Umgänglichkeit, Gefälligkeit und gute Laune. Das Wissen eines Gelehrten, den Mut eines Helden und die Tugendhaftigkeit eines Stoikers wird man bewundern; wenn jedoch das Wissen mit Anmaßung, der Mut mit Grausamkeit und die Tugend mit unbeugsamer Strenge einhergeht, wird der Mann niemals geliebt werden.«

Die »leniores virtutes« des 18. Jahrhunderts, die Chesterfield seinem Sohn dringend nahelegt, firmieren heute unter dem Begriff »Soft Skills«. Auch heute noch lässt in Fragen der Haltung und des Charismas kaum etwas tiefer blicken als diese Tugenden alter Schule. Die man natürlich auch gegen den Strich bürsten kann. Von John Legere kursiert folgende Geschichte [Werner/Wendel 2019]:

»Einmal hat er sich in eine AT&T-Party eingeschlichen, natürlich im magentafarbenen T-Shirt unter der Lederjacke. Ein Foto des T-Mobile-Eindringlings erschien auf Twitter, sofort kamen ein paar »Gorillas«, wie Legere sagte, und warfen ihn raus – nach weniger als 15 Minuten. Es war ein Werbecoup. »Die Finanzkraft, um mit AT&T und Verizon mitzuhalten, würde ich auf keinen Fall haben«, sagt Legere. »Also war mir klar, dass ich irgendwie anders sein musste. Dass ich dafür sorgen musste, dass wir auffallen.«

Ein besseres Beispiel für crossmediales Personal Branding auf mehreren Bühnen zugleich – reale Party plus Twitter – in Verbindung mit Markenbranding für das Unternehmen lässt sich wohl kaum ausfindig machen. Wer als Regelbrecher auf den Bühnen des Business auffallen will, der muss nicht nur aus dem Rahmen fallen, sondern auch dafür sorgen, dass darüber gesprochen wird. Dass Donald Trump in den letzten Tagen seiner Präsidentschaft mit genau dem gleichen Mittel gearbeitet hat, allerdings in destruktiver Absicht, möchte ich an dieser Stelle nicht verhehlen. Es kommt eben nicht nur darauf an, was jemand auf seinen Bühnen inszeniert, sondern auch, aus welcher Motivation das geschieht.

Dass die klassischen Medien auch heute noch eine tragende Rolle spielen, zeigt sich nicht zuletzt daran, dass die agilsten Social-Media-Vorreiter mit großem Engagement auch diese Bühnen bespielen. So haben, um nur zwei Beispiele zu nennen, die Digital-Branding-Experten Oxana Zeitler (»Lead the Future, shape your Brand«) und Tijen Onaran (»Nur wer sichtbar ist, findet auch satt«) selbstverständlich nicht nur Blogs publiziert, sondern auch Bestseller im Buchmarkt.

Mit eigenen Sach- oder Ratgeberpublikationen sind in jüngster Zeit außerdem Gründerin Verena Pausder aufgefallen (»Das Neue Land: Wie es jetzt weitergeht«, ausgezeichnet als »Unternehmerbuch des Jahres« im Rahmen des Deutschen Wirtschaftsbuchpreises 2020), Investor Frank Thelen (»10 x DNA: Das Mindset der Zukunft«), außerdem Dr. Ferri Abolhassan, Servicechef der Telekom Deutschland (»Superkraft Mensch: Warum der Mensch im Service den Unterschied macht«). Letzterer entwickelte gleich auch noch ein neues Genre: Bookazine, eine Melange aus Buch und Magazin. Es wird Sie nicht verwundern, dass Ex-Telekom-Legende John Legere seine sonntäglichen, per Twitter übertragenen Koch-Events ebenfalls in ein Buch hat übersetzen lassen (»Slow Cooker Sunday - Leadership, Life and Slow Cooking w/ CEO and Chef, John Legere«).

Dass die Herausgabe eigener Schriften beileibe keine neue Idee ist, daran erinnerte Kommunikationsforscher Karl Nessmann mit seinem Verweis auf eine der stärksten Personenmarken, die die Welt jemals verändert hat (Nessmann 2010, 256):

> *»Schon Jesus Christus verfügte über 12 Apostel (heute könnte man sie als Spin-Doktoren oder Personality-Berater bezeichnen), die seine Ideen, Taten und Werke verbreiteten. Fazit: Personalisierungs-, Inszenierungs- und Positionierungsstrategien (...) gab es im Grunde genommen schon immer.«*

Der historische Rückblick ergibt laut Nessmann ein interessantes Detail: Fast alle historischen Persönlichkeiten verfügten über eigene Propagandisten. Nicht den Persönlichkeiten selbst, sondern diesen Propagandisten sei die Verbreitung von Markengeschichten allererst zu verdanken. Seit den 1980er-Jahren nutzen nun auch immer mehr Vertreter der Wirtschaftswelt professionelle Kommunikationsmanager. Letztendlich sind es diese »Spin-Doktoren«, die im Hintergrund so lange die richtigen Fäden ziehen, bis auch ein weniger prominenter High Performer seine Kolumne in »Capital« bespielen oder mit Meinungsmacher Gabor Steingart auf dem Medienboot über die Spree fahren darf. Dabei bespielt auch Steingart selbstverständlich die Bühnen des klassischen Buchhandels (»Die unbequeme Wahrheit. Rede zur Lage unserer Nation«).

Private Bühnen: Warum Unicorns Wohnzimmer lieben

Die Performance auf der Privatbühne gehört zu den am meisten herausfordernden und den am meisten lohnenden Disziplinen für den C-Level-Kader. Herausfordernd sind private Einladungen deshalb, weil es überhaupt erst eine Bühne geben muss – und diese Bühne muss nicht ein »Ritz« oder ein »Vier Jahreszeiten« schaffen, sondern Sie selbst. Jeder, der schon einmal in den besseren Lagen einer angesagten Metropole eine Wohnung, geschweige denn ein Haus zu kaufen versucht hat, weiß um die damit verbundenen Schwierigkeiten. Und ist der Immobilienkauf gelungen, folgt die vielleicht noch größere Tortur: die Inneneinrichtung. Von Andreas Reckwitz, Professor für Kultursoziologie an der Europa Universität Viadrina in Frankfurt/Oder stammt eine treffende Beobachtung (Reckwitz 2017, 316):

> *»Die Wohnung ist (...) eine Art dreidimensionale Extension des Ichs und ein Ausdrucksort seiner Identität, zugleich wirken ihre Raumqualitäten auf das alltägliche Lebensgefühl des Selbst zurück – zwei Gründe sie sorgfältig zu gestalten.«*

Ziel dieser Gestaltung ist laut Reckwitz eine grundlegende »Valorisierung«. So, wie spätmoderne High Performer sich selbst mit geschickt kuratiertem Anzug, mit Uhr und Auto in Szene setzen, so setzen sie eben auch ihre häusliche Bühne in Szene. Mit geschickt kuratiertem Bücherregal, mit Wandkunst und dekorativem Markenmobiliar. In jüngster Zeit, in der mehr und mehr Manager aus dem häuslichen Wohnzimmer heraus in Videokonferenzen auftraten, wurde auch die technische Ausstattung zum Teil der Aufwertung: Arbeitsplatzbeleuchtung, Mikrofonqualität, Streamingkamera.

In vorpandemischen Zeiten hatte sich das wertorientierte Kuratieren bei privaten Einladungen auf Weinauswahl, Speisenfolge, Zigarrenangebot erstreckt. Kompetenz in diesen Fragen wurde und wird vorausgesetzt. Die Königsdisziplin bestand allerdings immer schon darin, inspirierende Tischgespräche mit der genau richtigen Balance zwischen privater Nähe und professioneller Distanz zu führen. Das bestätigt das Autorinnenpaar Assig/Echter wie folgt (Assig/Echter 2012, 160):

»Eine Einladung nach Hause ist unvergleichlich, weil sie Heimat bietet, Zugehörigkeit, Vertrauen und bleibende schöne Erinnerungen. Gerade das scheinbar Unvollkommene macht den Reiz aus. Jeder kann ins Ritz einladen, aber nur Sie in Ihr Zuhause zu spannenden Gesprächen. Sie und Ihr Zuhause geben Ideen eine Heimat, bieten Menschen Zugehörigkeit.«

Selbst wenn Sie das Pathos aus diesen Zeilen abziehen, bleibt doch ein wahrer Kern. Nun hat die Pandemie und die damit verbundene Verbannung von Managern und Mitarbeitern in ihr jeweiliges Homeoffice beziehungsweise in virtuelle Meeting-Programme den exklusiven Einblick in die Privatwohnung quasi demokratisiert. Das führt umgehend zu neuen Herausforderungen. Laut Wall Street Journal kommt es nun plötzlich auf »E-Charisma« an. Es war der SZ-Architekturkritiker Gerhard Matzig, dem die Definition dieser neuen Disziplin in nur einem Satz gelungen ist (Matzig 2021):

»E-Charisma ist, wenn wir, nickend wie Wackeldackel, großflächig und illuminiert auf dem Bildschirm erscheinen und extra langsam rumbrüllen.«

Doch Spaß beiseite. 2020 hat die Grenze zwischen unseren realen und virtuellen Business-Bühnen eingerissen und in der Unternehmenskommunikation zu einem Digitalisierungsschub geführt, den sich wohl niemand so hat vorstellen können. In der Folge wurden die via Social Media möglichen Effekte auf den persönlichen Erfolg vielerorts überdramatisiert. Hier ein erster Eindruck:

Social Media: 12 MYTHEN

Virtuelle Bühnen: Wie Unicorns in Social Media erscheinen

Wie sehr die Grenzen verschwommen sind zwischen realen und virtuellen Bühnen, zeigt sich an diversen Coups: John Legeres Auftritt bei AT&T wäre nicht halb so wirksam verlaufen, hätte er ihn nicht vor laufender Handykamera inszeniert. Und die »Eroberung« des US-amerikanischen Kapitols durch einen entfesselten Mob im Januar 2021 ist nicht zuletzt deshalb eskaliert, weil Donald Trump zuvor das Phantasiebild einer epischen Schlacht über Social Media verbreitet hatte und weil die beteiligten Eindringlinge mit ihren Handykameras quasi in Liveübertragung Zeugnis ihrer Interieur-Verwüstung ablegten und sich dafür in Echtzeit von ihren Fans bejubeln (und offenbar auch bezahlen) ließen. Die virtuelle Bühne wirkt direkt auf die reale Bühne – und umgekehrt. Im schlechtesten Falle haben wir es hier mit destruktiven Aufschaukelungseffekten zu tun, im besten Fall lassen sich über virtuelle Bühnen ganze Unternehmen führen – durchaus konstruktiv. Wie erfolgreich das geschehen kann, wurde im Corona-Jahr 2020 sichtbar.

Im Jahr der Krisenkommunikation und der eilig improvisierten Homeoffices lag es für viele Führungskräfte nahe, die bereits etablierten Informationskanäle Twitter, LinkedIn oder YouTube zu bespielen – also externe Kanäle sowohl für externe als auch für interne Botschaften, und nicht zuletzt zur Stärkung der eigenen Personenmarke zu nutzen. Tatsächlich griffen CEOs zunehmend auf diesen Weg zurück. Die Anzahl der auf LinkedIn geposteten Beiträge stieg zu Pandemiebeginn kräftig.

LinkedIn ist die Social-Media-Plattform mit der größten Relevanz für das C-Level-Management. Mehr als die Hälfte der CEOs aller DAX-Unternehmen sind hier mit einem eigenen Profil vertreten. Bei C-Level-Managern außerhalb der CEO-Liga (genannt CXO) sieht es anders aus: Hier sind fast drei Viertel vertreten.

Das ist kein Zufall, sondern logisch. Wer bereits am Ziel seiner Karriere angekommen ist, hat die härteste Arbeit an der eigenen Personenmarke bereits geleistet. Wer noch auf dem Weg nach oben ist, investiert sehr viel mehr Energie in die Kommunikation gegenüber Kollegen und Kunden, Mitarbeitenden und Geschäftspartnern, Investoren und Vertretern aus Politik und Medien – via Social Media.

Das wiederum ist kein Naturgesetz, sondern eine Momentaufnahme. Noch im Jahr 2016 nutzte unter den DAX-Vorstandsvorsitzenden nur jeder zehnte Vorstandsvorsitzende LinkedIn oder XING. Und nur SAP-Chef Bill McDermott war auf Twitter aktiv. Es ist jederzeit möglich, dass sich die öffentliche Meinung von heute auf morgen auch gegen eine Social-Media-Plattform richtet und die Riege der Top-Manager im virtuellen Raum umzieht. Es ist ebenso möglich, dass Plattformen selbst von heute auf morgen ihre Politik verändern – etwa den Account eines Users wie @realDonaldTrump sperren und dieser Personenmarke damit so etwas wie den Lebenssaft abdrehen.

In der Landschaft der Business-Plattformen verschieben sich die Relevanzen kontinuierlich. So hat mit der steigenden Bedeutung der internationalen Business-Plattform LinkedIn die deutsche Plattform XING kontinuierlich an Marktmacht verloren. Studien zeigen, dass nicht einmal jeder fünfte C-Level-Manager hier noch vertreten ist. Auf Twitter sind sehr viel weniger DAX-C-Level-Manager präsent als auf LinkedIn; Studien sprechen von rund 20 Prozent. Instagram, Facebook und die Kindertanzplattform TikTok sind meiner Einschätzung nach für professionelles Branding in den Tech-Branchen derzeit kaum relevant – aber auch das kann sich jederzeit ändern.

Als CEOs auf Social Media am meisten aktiv und, gemessen an der Followerzahl, auch erfolgreich, sind derzeit Herbert Diess (VW), Tim Höttges (Telekom) und Joe Kæser (Siemens). Dass Diess und Höttges ihre Kommunikation auf LinkedIn konzentrieren und Kæser auf Twitter, hat seinen Grund in der unterschiedlichen strategischen Ausrichtung der Personenmarken – aber auch in den unterschiedlichen Persönlichkeiten. Auf LinkedIn zählt immer noch der gründlich analysierte »Content«, auf Twitter dominiert die schnelle, durchaus auch politische Meinung. Wenn man es in ein Bild fassen wollte, könnte man sagen: Hinsichtlich der verbreiteten Inhalte und des Publikationstempos verhält sich LinkedIn zu Twitter so wie die »Frankfurter Allgemeine Zeitung« zur Nachrichtenagentur dpa.

Für die über Jahre vom Mindset der »Deutschland AG« geprägte, hiesige Kommunikationskultur tatsächlich neu ist, dass sowohl CEOs als auch CXOs über Social Media unternehmensrelevante Informationen verbreiten, über den gleichen Kanal aber auch private Erlebnisse und persönliche Einschätzungen. Damit hat sich die Vorstellung dessen verschoben, was »öffentlich« und was »privat« überhaupt ist. Ziel dieser Verschiebung ist sicherlich das Erreichen einer stärkeren Anmutung von Authentizität, von Haltung und Charisma – und damit die Stärkung der Personal Brand. Ziel ist sicherlich auch, über diese Selbst-Boulevardisierung mehr Aufmerksamkeit von Journalisten zu erregen, die immer auf der Suche sind nach »Content« und damit wesentlich zum Aufbau einer Personenmarke beitragen können.

Der Preis dieser Verschiebung ist hoch, nämlich das »Always On«. Wer sich mit Haut und Haaren dem Social Media Branding verschreibt, dem bleibt kaum mehr Raum und Zeit für wirklich Privates, der instrumentalisiert Familie und Freunde als Sidekicks in der eigenen Markenstory, der degradiert seine Hobbys zu öffentlichkeitswirksamen Markenattributen. Man kann sich entscheiden, diesen Weg zu gehen. Man kann sich aber auch dafür entscheiden, die eigene Freiheit zu erhalten und bestimmte Lebensbereiche konsequent aus Social Media auszuklammern. Unter C-Level-Managern gilt dies meines Wissens als gute Idee.

Dass jede Plattform eigene Gepflogenheiten kultiviert, hat sich zwar herumgesprochen. Der Übersicht wegen fasse ich die herrschenden Sitten hier noch einmal zusammen. Nehmen wir an, Sie möchten sich äußern zum Thema Neue Mobilität:

- **Twitter:** Ich teste gerade einen neuen E-Roller!
- **LinkedIn:** Ich bin Experte für Neue Mobilität
- **YouTube:** Meine Keynote zum Thema Neue Mobilität
- **XING:** Ich arbeite bei NeueMobilität.com
- **Facebook:** So sieht es in meiner Garage aus, wenn ich mal wieder meinen Akku lade.

Jede Plattform pflegt eigene Genres. Was gern übersehen wird: Auf jeder Plattform ist tendenziell ein anderes Publikum aktiv. Einige Social-Media-Experten empfehlen aus diesem Grund, für jede Plattform ein eigenes Personenmarkenprofil zu entwerfen. Denken wir die Sache umgekehrt: Wenn Sie Ihr Zielpublikum analysieren und feststellen, dass sich dieses auf LinkedIn und Twitter aufhält, warum sollten Sie sich dann mit einem Facebook-Profil beschäftigen? Meiner Erfahrung nach ist es eher so, dass eine konsistente Personal Brand über alle Kanäle hinweg Ihrer Marke am meisten nutzt.

Herbert Diess und Elon Musk – ein Vergleich der Social-Media-Aktivitäten des VW- und des Tesla-Chefs zeigt deutlich, wie unterschiedlich CEOs ihre virtuellen Bühnen auswählen und bespielen. Während Musk als seinen Hauskanal Twitter bestimmt hat und hier seit Langem täglich aktiv ist, operiert Diess erst seit kürzerer Zeit auf LinkedIn. Das spiegelt sich in den Follower-Zahlen. Im Januar 2020 folgten Diess auf LinkedIn 149.609 Menschen und Musk auf Twitter 41,4 Millionen. Das sind fast 300 Mal mehr. Sind diese Persönlichkeiten überhaupt vergleichbar? Durchaus. Weil die Anzahl der Follower auf Social Media eben nicht die Personenmarke selbst ist, sondern nur einer ihrer Mosaiksteine. Eine hohe Anzahl von Followern sagt überdies nichts über den realen Erfolg eines Managers aus. Dem Ex-Wirecard-Chef Markus Braun zum Beispiel folgen auf Twitter derzeit immer noch mehr als 33.000 Personen. Daran ändert auch sein Karrierestatus »Untersuchungshaft« nun nichts. [Stand Februar 2021]

Schauen wir uns an, wie sich Diess respektive Musk auf ihren Kanälen inszenieren respektive inszenieren lassen. Anfangs hatte Diess sich darauf konzentriert, Absatzzahlen zu vermelden, technische Entwicklungen zu feiern, von Roadshows zu berichten oder übergeordnete Themen wie Innovation oder Nachhaltigkeit zu kommentieren. Am 1. Januar 2021 zeigte er sich dann überraschend als ... Batman. Die SZ kommentiert [Hägler 2021]:

> *»Noch bevor es zwölf Uhr mittags geschlagen hatte am ersten Tag des Jahres 2021, stellte er eine kleine Videosequenz online: In einem recht sportlichen Wagen der Tochtermarke Seat fährt er im Kreis herum, es dürfte die VW-Schnellbahn östlich des Werkes in Wolfsburg sein. Es scheint ihm Laune zu machen, auf der Rückbank fliegt sein Zeug umeinander. Schnitt. Der Wagen rollt langsam vorbei an der Kamera – und man sieht Diess mit einer Batman-Maske übergestreift.*

Wortlos gibt er wieder Stoff, im Internet schreibt er dazu schlicht: Startklar für 2021! Dazu ein Batman-Emoji.«

Diess wird mutiger, könnte man sagen. Oder: Diess nimmt sich ein Beispiel an Batman-Fan John Legere, mit dem er außerdem den Geburtsjahrgang teilt: 1958. Elon Musk ist etwas jünger (1971) und bespielt andere Kanäle auf andere Weise, und das als Chef eines Unternehmens, das anders aufgestellt ist als VW oder die Telekom: innovativer, visionärer, polarisierender.

Musk informiert via Twitter über Teslas Erfolge und über SpaceX-Erfolge, er kommentiert aber auch live das weltweite politische Geschehen, zu dem die Abwahl des US-Präsidenten Trump reichlich Gelegenheit gab. Er hält sich auch mit seiner Meinung zu verschiedenen Social-Media-Kanälen oder Messenger-Diensten nicht zurück: 2018 ließ er zum Beispiel die Facebook-Seiten seiner Marken SpaceX und Tesla löschen. Und Anfang 2021 twitterte er: »Go to Signal.« (Gemeint ist der Instant-Messaging-Dienst »Signal«, der anders als sein populärer Konkurrent »WhatsApp« nicht Teil der Facebook Inc. ist.) Was zeigt: einzelne Influencer können Aufstieg und Niedergang einer Plattform durchaus beflügeln.

Musk beantwortet Fragen oder reagiert auf Ideen seiner Follower persönlich, schnell und kurz, angstfrei und wild entschlossen. Genauso führt er auch seine Unternehmen. Er polarisiert. Genau wie Diess. Möglicherweise ist das ein Grund dafür, dass Diess sich neuerdings weit über den Rahmen der klassischen Pressemitteilung hinauswagt in Richtung selbstironische Selbstheroisierung – statt Mundnasenschutz nun also die Batmaske.

Es ist schwer zu sagen, ob Herbert Diess von LinkedIn als Gewinner des zweiten Platzes der »10 Top Influencer 2020 in Deutschland, Österreich und der Schweiz« auserkoren wurde, weil er am Zenit seiner Karriere bei VW steht – und mit dieser Position ein Netzwerk wie LinkedIn adelt. Oder ob er als Gewinner auserkoren wurde, weil er sich tatsächlich so vorbildlich an die von LinkedIn vorgegebenen Verhaltensregeln gehalten hat. Die gleiche Frage können wir uns stellen bei Frank Thelen, der auf dem ersten Platz steht, oder bei der drittplatzierten Tina Müller, gefolgt von Tijen Onaran und Tim Höttges. LinkedIn jedenfalls teilt auf seiner Webseite mit, die Liste der Top Voices und Top Influencer auf Grundlage folgender Kriterien zusammengestellt zu haben.

- **Interaktion** einschließlich Reaktionen, Kommentaren und Shares, die die Mitglieder erhalten,
- **Regelmäßigkeit** der Beiträge,
- **Follower-**Wachstum,
- **Qualität** der Beiträge, gemessen an diesen Fragen: Geben die Beiträge relevante Einblicke, regen sie Diskussionen an und befassen sie sich mit aktuellen Themen? Gibt die Person nützliche Ratschläge – oder betreibt sie eher Eigenwerbung? Spiegelt die Liste unsere heutige Arbeitswelt wider?

Interessant ist für CEO und CXO der Automobilindustrie, die viele internationale Posts in englischer Sprache oder sogar in Mandarin absetzen: Für die Liste für Deutschland, Österreich und die Schweiz wurden ausschließlich deutschsprachige Inhalte berücksichtigt.

Man muss nicht zwingend als »Top Influencer« geadelt sein, um als CEO, als CXO oder als Bewerber für einen hoch dotierten Posten von einem LinkedIn-Auftritt zu profitieren. Fakt ist, dass ein solcher Auftritt nicht nur dazu dient, um sich überhaupt bekannt zu machen. Er dient vielleicht noch häufiger dazu, interessierten Geschäftspartnern oder Personalern sorgfältig zusammengestelltes Material für Background-Checks anzubieten. Haben Sie solches Material nicht zu bieten, dann haben Sie keine Beweisgrundlage für das Nutzenversprechen Ihrer Marke geschaffen, dann enttäuschen Sie andere bei der Online-Suche und verlieren jedes Mal eine Chance: die Aussicht auf ein Job-Angebot, auf ein spannendes Projekt, auf eine spannende Geschäftspartnerschaft.

Deutschlands Karrierepapst Jochen Mai hat auf seiner Webseite Karrierebibel.de eine passende Metapher formuliert (karrierebibel.de/personal-branding/):

»Das Geflecht aus Xing-Profil, LinkedIn-Profil, Twitter-Account und eigenem Blog wirkt wie ein virtuelles Treibnetz: Einmal geknüpft und aus-

geworfen, lassen sich darin Aufmerksamkeit und Reichweite ebenso fangen wie Prestige oder Ruhm.«

Wobei Sie Aufmerksamkeit und Reichweite nur dann fangen, wenn das, was Sie an Inhalten liefern, Ihren Geschäftspartnern und Co. konkreten Nutzen bietet. Relevanz schafft Aufmerksamkeit.

Dies allerdings nur dann, wenn Sie die richtigen virtuellen Bühnen ausgewählt haben: die Social-Media-Plattformen, die nicht nur Sie selbst spannend finden, sondern vor allem diejenigen, auf denen Ihre Zielgruppe unterwegs ist. Wer an seiner Zielgruppe vorbei kommuniziert, investiert vielleicht viel Zeit und Herzblut, aber baut keine Personal Brand auf. Wer aber genau da ist, wo seine Community ist, erzielt mit wenig Aufwand viel Resonanz. Um Ihnen ein Beispiel zu geben: Cosimo De Carlo. CEO der EDAG Engineering Group AG, erntete für den Repost eines auf ihn fokussierten Beitrags aus dem Top Company Guide (»Die Zukunft gehört den Mutigen«) weit über 100 Likes und zahlreiche Kommentare. Sie wissen diese Zahlen zu schätzen, wenn Sie das Interaktionsgeschehen auf LinkedIn und die Diskussionen um gekaufte Likes verfolgen. Und Sie wissen sie umso mehr zu schätzen, wenn Sie sich auch schon lange gefragt haben, wie viele Mitarbeiter ihren CEOs eigentlich aus echter Loyalität jede Menge Likes schenken, wie viele dies aus Opportunismus tun und wie viele aus purer Angst vor Repression. Kurz: Like-Zahlen sind immer relativ zu sehen.

Nachdem wir nun wissen, wo Sie sich mit Ihrer Marke zeigen sollten, schauen wir uns im nächsten Schritt an, mit welchen Inhalten Sie Ihr Zielpublikum begeistern können.

FAZIT & FRAGEBOGEN TEIL 3

Es wird nicht nur alles beobachtet, was Sie tun, sondern auch, wo Sie es tun. Meetings und Mahlzeiten, Fußwege und Flüge, Messen und Konferenzen, Talkshows und Interviews, LinkedIn-Einträge und Sachbücher, private Abendessen und Spaziergänge – alles ist Bühne. Alles zählt. Auf jeder Bühne gelten andere Gepflogenheiten und vor jeder Bühne sitzt ein anderes Publikum. Gut zu wissen: Man muss keinen riesigen Aufwand treiben, um sich zur Geltung zu bringen. Man muss lediglich wissen, wo exakt sich das eigene Zielpublikum befindet und welches Stück es erwartet – und dann ein wenig mehr bieten. Hier finden Sie wieder Raum für Ihre Gedanken:

MARKENAUFTRITT: Wo zeige ich mich?

Meeting, Dinner, Podium: Welche **professionellen Bühnen** sind für meine Marke relevant?

....

....

LinkedIn, XING, Twitter: Welche **virtuellen Bühnen** passen zu meiner Unicorn Brand?

....

Kamin, Grill, Boot: Wie bespiele ich meine **privaten Bühnen**?

....

VIII.

UNICORN-MARKEN-KOMMUNIKATION

Herausragender Content müsse, so heißt es, glaubwürdig sein, soll nützlich sein, soll unterhaltsam sein und im besten Falle inspirieren (vgl. Zeitler 2020, 115). Das ist grundsätzlich richtig. Wobei gilt: Ihr Content braucht alle diese Eigenschaften. Unterhaltsamkeit allein greift zu kurz. Natürlich können Sie wie Altkanzler Schröder unterhaltsam über Hagebutten parlieren. Nur: Wie zahlt das auf Ihre Marke ein?

Inhalte: Der richtige »Content« für Ihre Bühnen

Die Kunst besteht darin, den von Ihnen herausgearbeiteten Markenkern mit konkreten Inhalten zu verbinden und bühnengerecht in Szene zu setzen. Wie können derartige Inszenierungen aussehen? Schauen wir uns an, welche Inhalte auf welchen Bühnen auf die Bestandteile Ihres Markenkerns einzahlen: Haltung, Leistung und Charisma.

Am besten wird das an einem Beispiel deutlich. Stellen wir uns einen Mittfünfziger vor, der auf eine erfolgreiche Karriere in der Automobilbranche zurückblickt. Nennen wir ihn der Anschaulichkeit wegen »Dr. Müller«. Er interessiert sich brennend für Neue Mobilität und sucht nach einer Perspektive für seine zweite Karriere. Seine Personal Brand soll eine Brücke schlagen zwischen den Leistungen seiner ersten Karriere und der Zukunftsorientierung seiner zweiten Karriere.

Inhalte für das Thema Haltung: Nachhaltige Innovation und unternehmensübergreifende Kooperation zählen zu den Werten, die Dr. Müller immer wichtig waren und auch in Zukunft sind. Das zeigt sich konkret in seinem Engagement für bestimmte Start-ups, für Thinktanks und für Forschungsprojekte an Universitäten. Aus seinem Habitus – Kleidung, Porträts, verbale und nonverbale Kommunikation – lässt sich seine Herkunft aus einem bodenständigen Milieu ablesen, durchaus aber auch seine stilistische Orientierung am erfolgreichen Zielmilieu des C-Level-Managements. Welche Bühnen unterstreichen seine Haltung?

- **Professionelle Bühnen:** Konferenzen, Mitarbeit in Forschungsprojekten, von Start-ups organisierte Events, Teilnahme an Podiumsdiskussionen, Messegespräche, Teilnahme an Testfahrten

- **Private Bühnen:** Informelle Treffen mit wichtigen Playern der Branche im Rahmen von Messen oder bei privaten Einladungen, aktives Vernetzen unterschiedlicher Player

- **Virtuelle Bühnen:** Berichte von Konferenzen, Gruppenbilder zusammen mit Gründern, Forschern, Investoren, Whitepapers, Analysen zu aktuellen Branchenentwicklungen, Einblicke in persönliche Technikexperimente wie der Aufbau einer Solaranlage am eigenen Haus, Testfahrten mit innovativen Fahrzeugen. Darüber hinaus zahlreiche Reposts (»Teilen«) von Beiträgen, Artikeln oder Posts anderer Nutzer und deren Kommentierung – womit sich die eigene Leistung und insbesondere die eigene Haltung mit relativ wenig Aufwand klar unterstreichen lässt. Entscheidend: Ernstgemeinte Empfehlungen von und herzliche Gratulation an Einzelpersonen, Projekte und Organisationen, die die eigene Haltung teilen.

Inhalte für das Thema Leistung: Dr. Müller blickt auf eine beeindruckende Karriere zurück. Er war beteiligt an der Entwicklung wichtiger Meilensteine in mehreren Unternehmen: technische Entwicklungen, Fusionen, Erreichen von Absatz- und Umsatzzahlen. Aus der Darstellung seiner Kontakte lässt sich ablesen, dass Dr. Müller ein breit aufgestelltes Netzwerk pflegt, in dem er Zugang sowohl zu jungen Gründern hat als auch zu den großen Namen und Persönlichkeiten der Branche. Aus der Inszenierung seiner Gruppenfotos lässt sich allerdings auch ablesen, dass Dr. Müller sich bei allem persönlichen Erfolg einen zurückhaltenden und charmanten Charakter bewahrt hat. Auf welchen Bühnen lässt sich Leistung darstellen?

- **Professionelle Bühnen:** Teilnahme an exklusiven Preisverleihungen, exklusiven Branchenevents, Jubiläen, Vernissagen

- **Private Bühnen:** Persönliche Einladungen im Kreise exklusiver Player

- **Virtuelle Bühnen:** Reaktion auf (!) die Darstellung eigener errungener Awards durch Dritte (das ist weitaus eleganter als eigene Leistungen selbst vorzustellen), erreichter KPIs, Vorstellung von Prototypen und Zertifikaten, eigene Vorträge, Präsentationen, Podcasts, Interviews etc. Auch hier: Kommentierte Reposts sind mindestens so wichtig wie eigene Beiträge. Selbst formulierte Dankesworte für, Gratulationen an und Nachrufe auf Persönlichkeiten, deren Leistung man selbst hochschätzt. Dies alles unterlegt und damit »bewiesen« anhand von professionellen Einzel- und Gruppenfotos.

Inhalte für das Thema Charisma: Eigenschaften und Leidenschaften inszeniert Dr. Müller mit gezielten Einblicken in sein Privatleben. Hier zeigt er sich gelegentlich auch in Sport- oder Freizeitkleidung inklusive entsprechender »Gesichtsmöblierung« (Mütze, Sonnenbrille). Auf welchen Bühnen zeigt sich Charisma?

- **Reale Bühnen:** Teilnahme an sportlichen Wettkämpfen, an Konzerten, Vernissagen oder Festivals. Engagement in sozialen, humanitären oder kulturellen Projekten, Ehrenämter, Stiftungsarbeit, Förderung von regionalen Wirtschafts-, Umwelt- oder Bildungsprojekten und Vereinen

- **Private Bühnen:** Gemeinsame private Wanderungen, Segeltörns, Golfrunden, Weinproben, Besichtigungen

- **Virtuelle Bühnen:** Darstellung eigener errungener Pokale bei sportlichen Wettbewerben (gerne selbstironisch gebrochen oder wieder als »Reaktion« auf das Lob durch Dritte), Einblicke in die eigene Kunst-/Musik-/Techniksammlung, persönliche Empfehlung von Autoren oder Büchern, Bühnenwerken oder Ausstellungen, Urlaubsorten oder Restaurants. Und auch hier, wenn es sich anbietet: Reposts.

Storytelling: So inszenieren Sie Unicorn Storys

Der Mensch denkt nicht in Zahlen, er denkt nicht in Awards, er denkt in Geschichten. Persönliche Storys machen die Marke. Und zwar deshalb, weil eine gute Geschichte Vertrauen herstellt und weil Vertrauen eine Marke erst zur Marke macht. Ich meine: High Performer sollten

Storytelling nicht zuletzt deshalb trainieren, weil die Manager in der öffentlichen Meinung nicht gerade gut dastehen. Menschen vertrauen Managern per se nicht. Welche Möglichkeiten bieten sich hier? Was macht eine gute Markengeschichte aus?

- **Authentizität:** Weil Sie eine echte Persönlichkeit sind und kein Bahlsen-Keks, brauchen Sie keine Heile-Welt-Geschichten zu erfinden. Sie brauchen lediglich Ihre eigenen, Ihre echten Storys.

- **Relation:** Es sind Anekdoten aus Ihrem Leben, mit denen Sie persönliche Verbindungen herstellen. Etliche dieser Anekdoten möchten Sie eher im persönlichen Gespräch preisgeben als auf Social Media zur Schau stellen.

- **Nutzenversprechen:** Was Sie können, wissen und leisten, vermitteln Sie am besten über Geschichten aus realen Projekten. Wie es Ihnen gelungen ist, alle an einen Tisch zu bringen. Wie Sie komplexe Probleme gelöst haben. Wie Ihnen die schwierige Akquise gelungen ist. Je heikler die damit verbundenen Hintergrundinformationen, desto eher wollen Sie diese Storys nicht auf Social Media erzählen.

- **Innerer Antrieb:** Was wollen Sie in dieser Welt bewirken? Welche Spuren wollen Sie hinterlassen? Es sind Geschichten über Ihren Kampf gegen Ressourcenverschwendung, gegen analoge Technikmonster, gegen rückständige Bildungssysteme, die Ihrer Marke die Anmutung eines »epischen Kampfes« geben. Nicht wenige Unicorn Brands sind groß geworden durch ihren Kampf gegen einen konkreten Wettbewerber (John Legere: gegen AT&T) oder ein bestimmtes Mindset (Christian Kuhna: gegen »Pinguine«, sprich Anzugträger).

In der Zunft der fahrenden Vortrags- und Festredner gibt es etliche, die Storytelling nach dem Prinzip der Jukebox betreiben. Im Laufe der Zeit haben sie sich eine Sammlung persönlicher Anekdoten angelegt, auf die sie nach Belieben zurückgreifen. Ob auf der Bühne, im persönlichen Gespräch oder im Netz: im richtigen Moment legen sie gewissermaßen die richtige Platte auf. Wobei, und das ist der Witz dieser Technik, jede einzelne Geschichte auf ganz bestimmte Aspekte ihrer Haltung, ihrer Leistung oder ihres Charismas einzahlt. Ohne die Verbindung zum Markenkern hätten wir es hier nicht mit Storytelling zu tun, sondern mit substanzlosem Small Talk. Onaran hat zu diesem Thema einen interessanten Gedanken geäußert (Onaran 2020, 95):

> *»Storytelling verschafft dir Sichtbarkeit – und zwar bevor es wirklich darauf ankommt, dich und dein Anliegen zu präsentieren.«*

Und Marina Zayats ergänzt, dass wirkungsvolle Personal Brands dazu führen, dass eine Persönlichkeit schneller erkannt wird. Und mehr noch: Sie führt auch »zu mehr Sympathie beim Gegenüber« (Zayats 2020, 22):

> *»Menschen öffnen sich, weil sie wissen, mit wem sie es zu tun haben.«*

»Dr. Müller?«, heißt es nach einem gelungenen Personal Branding. »Ist das nicht dieser entspannte Typ, der alles über Neue Mobilität weiß und der Gründer fördert?« An dieser Stelle könnte dieses Kapitel enden.

Nun kenne ich aber die typischen Karrieren in der Automobil- und in der Maschinenbaubranche, ich kenne die Unternehmen und ihre Hintergründe. Und weiß deshalb auch, auf wie dünnem Eis wir stehen, wenn wir über »Authentizität« sprechen. Deshalb ein kleiner Nachtrag zum Thema – bevor wir das Thema »Fallstricke« im Kapitel »Risiken und Nebenwirkungen« noch einmal vertieft aufgreifen:

Exkurs I: Vorsicht mit »Fake it till you make it«

Wenn Sie in der Automobilindustrie erfolgreich sind oder waren, ist es keine Seltenheit, wenn in Ihrer Vergangenheit »krumme Dinger« passiert sind. Was ist dann zu tun? Und was, wenn Sie in Sachen Leistung ein bisschen auf die Tube drücken müssen, um mit Ihren Mitbewerbern mithalten zu können? Was, wenn Ihr »innerer Antrieb« so hochtrabend nicht ist, weil Sie lieber Ihr Haus abbezahlen wollen, statt die Welt zu retten?

Dann bleibt Ihnen kaum etwas übrig als »Fake it till you make it.« Solange Sie sich im Rahmen der Legalität bewegen, ist dagegen nicht einmal etwas einzuwenden. Sie putzen sich schließlich die Schuhe vor dem Vorstellungsgespräch, warum also nicht auch Ihre Personal Brand? Branding-Expertin Marina Zayats hat eine ganze Batterie von Markenwirkungen zusammengestellt, die man durchaus als Manipulationstechniken bezeichnen könnte (Zayats 2020, 22):

- **Priming:** Wer seine Personal Brand kommuniziert, aktiviert im Gegenüber implizite Gedächtnisinhalte und unterstreicht so seinen Expertenstatus

- **Halo-Effekt:** Die besonderen Fähigkeiten der Brand, so die Annahme, überstrahlen bei erfolgreicher Brandkommunikation andere, vielleicht weniger interessante Eigenschaften und lassen eine Person insgesamt positiver erscheinen.

- **Theorie der kognitiven Kontrolle:** Die klare Positionierung der eigenen Motive, Werte und Ziele gibt dem Gegenüber das Gefühl, aktuelle und zukünftige Reaktionen besser vorhersagen zu können.

Wer sich für den Variantenreichtum der kognitiven Verzerrungen interessiert, dem sei dieses Stichwort auf Wikipedia empfohlen (insbesondere die Grafik »Übersicht kognitiver Verzerrungen«). Ein interessantes Thema. Doch grundsätzlich gilt: Personal Brands können die positive Wirkung einer Persönlichkeit unterstreichen. Aber wo keine Substanz ist, wird auch keine Marke wirken.

Ihre Leistung zeigt sich in Ihren Ergebnissen für andere und Kontakten mit anderen. Ihre Haltung zeigt sich in Ihren Empfehlungen von anderen und Ihrem Engagement für andere. Ihr Charisma zeigt sich in Ihren Eigenschaften in der Interaktion mit anderen und Leidenschaften für Themen mit Relevanz für andere. Alle Bestandteile Ihres Markenkerns sind Netzwerkeffekte. Bringen Sie die Leistung nicht, haben Sie die Haltung nicht, und wirkt bei Ihnen kein Charisma, gibt es keine Resonanz im Netzwerk. Dann hilft Ihnen auch kein Branding.

Kommunikationsstil: Wiederholung wirkt – und Humor verstärkt

Gehen wir nun einen Schritt weiter. Denn ob Ihnen der Aufbau eines tragfähigen Netzwerkes gelingt, ist nicht nur eine Frage Ihres Storytellings, sondern hängt auch davon ab, mit welchem Kommunikationsstil Sie in Kontakt treten. Auch dieser Stil steht für Leistung, für Haltung, für Charisma. Beginnen wir wieder mit Steve Jobs, der als einer der Großmeister der Bühnenpräsentation gilt.

Eine typische »Stevenote« begann damit, dass Jobs Verkaufszahlen präsentierte, einen Überblick über die jüngsten Apple-Produkte gab und einige Novitäten vorstellte. In Anlehnung an die Fernsehfigur »Columbo« tat er dann so, als wolle er die Szene verlassen, kehrte aber mit den Worten »But there's one more thing ...« zurück – und präsentierte den Knaller des Abends. So machte Jobs Produkte, die mehr als einmal ganze Industrien auf den Kopf stellen sollten, vermeintlich zur Randnotiz. Und das bei jedem Vortrag.

Das Stilmittel der Wiederholung ist keine Erfindung von Steve Jobs, er hat dieses Mittel lediglich perfekt eingesetzt. Jeder von Ihnen kennt sogenannte Catchphrases aus dem US-amerikanischen Kino (»I'll be back«, The Terminator), aus britischen Fernsehshows (»And now to something completely different ...«, Monthy Python) und genauso aus deutschen Sendungen (»Ich habe heute leider kein Foto für Dich.«, GNTM by Heidi Klum).

Nach dem gleichen Prinzip operiert auch Allen Gannett, Chief Strategy Officer bei Skyword, einer Marketingplattform. In seinem Video-Format stellt er Führungskräften jeweils eine einzige Frage, die er sich in wenigen Sekunden beantworten lässt. Sein Kommentar, und zwar jedes Mal: »I love it.« Dann fasst er die Antwort noch einmal in einem Kurzsatz zusammen und schließt, und zwar jedes Mal, mit »Bye guys«. Gannett wurde damit zur Nummer eins unter den »LinkedIn Top Voices« 2018, Kategorie Marketing und Social Media. Oxana Zeitler kommentiert dieses Format so: »Hilfreich. Wiedererkennbar. Macht gute Laune.« (Zeitler 2020, 142).

Hinter der Strategie der Catchphrase-Wiederholung steht nicht eine Lerntheorie des 19. Jahrhunderts, der zufolge der Mensch alles Neue bis zur völligen Entnervung wiederholen muss, bis es sich sicher in seinen Gehirnwindungen verankert hat. Es geht hier um etwas anderes: Es geht um Humor. Es geht um gute Laune. Heute weiß man, dass wir uns am ehesten Dinge merken, die mit konkreten Bildern positiver Emotionen verknüpft sind. Den Satz »To the Batmobil! Let's go!« merkt man sich eben lieber als »Seine Kraft und Überlegenheit basieren einzig auf hartem Training, Intelligenz und seinen berühmten technischen Hilfsmitteln«. Sehen Sie erfolgreiche Catchphrases also auch, vielleicht sogar hauptsächlich als Running Gags.

Damit wird auch klar, dass es sich hier um etwas ganz anderes handelt als um Ihren Pitch-Satz bzw. Markenkern in drei Worten, über den wir oben bereits gesprochen hatten. Es schadet tatsächlich nicht, mit beiden Mitteln zu punkten: Catchphrase und Pitch-Satz. Dass Sie Ihre Kompetenzen oder Ihre Mission immer und immer wieder im Kundenkopf verankern sollten, haben besonders eindringlich Assig und Echter in ihrem Buch »Ambition« formuliert (Assig/Echter 2012, 65)

> *»Die Person muss andauernd, redundant, mit immer gleichen Begriffen und Konnotationen über sich selbst sprechen. Jedes Detail ihrer Aufgabe, ob Projekt, Erfolg, eine bestimmte Zahl, eine andere Person, ein Konflikt, ein Ereignis; alles wird in den Kontext der eigenen Marke gestellt. Dies erfordert Übung.«*

Dieser kleine Nachsatz hat es in sich. »Dies erfordert Übung« meint, dass es Ihnen im Idealfall gelingen sollte, das sympathische Understatement eines Steve Jobs mit der hirnmanipulierenden Penetranz einer Seitenbacher-Müsliwerbung so zu verknüpfen, dass Sie in Erinnerung bleiben. Aber nicht nerven. Ein gutes Mittel gegen Penetranz ist wohldosierter Humor. Denn: Humor macht Marken stark.

Nachtrag: Es steht Ihnen frei, auf jeder Bühne – LinkedIn, Zoom-Konferenz, Podiumsdiskussion – so auszusehen wie Ihr eigenes Passfoto und so zu klingen wie Ihre eigene Pressemitteilung. So machen Sie keine Formfehler. Nur: Langweiliger gehts nicht. Und im heutigen, mediengesteuerten Business-Alltag ist Langeweile ein Markenkiller.

Natürlich kommt es darauf an, ob Humor überhaupt zu Ihnen passt. Vielleicht passt er nicht. Fakt ist allerdings, dass uneitle, ein wenig selbstironische und humorvolle Business Leader besser ankommen als spaßbefreite Hardliner. Deshalb war es eine gute Idee, dass Dieter Zetsche sich in seinem bereits beschriebenen Weihnachtsvideo über seinen eigenen Bart mokierte, indem er ihn digital abmontieren ließ. Deshalb war es eine gute Idee, dass Tim Höttges im März 2020 via LinkedIn aus seinem Homeoffice grüßte – mit digital aufmontiertem Bart. (tf 2020)

Humor muss sich natürlich nicht immer auf die eigenen Markenattribute beziehen. Legendär in dieser Hinsicht ist wieder ein Auftritt von Steve Jobs: Im Jahr 2007 präsentierte Jobs zunächst ein Witzmodell – ein Handy mit Wählscheibe –, bevor er die tatsächliche Technikrevolution aus dem Hut zauberte. Hinter dieser Idee steckt die älteste Comedy-Technik überhaupt: Fallhöhe. Je höher der Kontrast zwischen A und B, desto besser der Lacher.

Zielpublikum: Wen sprechen Sie eigentlich an?

Und damit sind wir beim nächsten Thema. Ihrem Zielpublikum. Auch hier bietet es sich für Sie an, im ersten Schritt Überblick zu gewinnen:

- **Professionelle Bühnen:** Wen erreichen Sie als Publikum im Moment schon? Wen möchten Sie in Zukunft erreichen? An welchen realen Orten besteht die Chance, dass Sie diese Personen treffen? Wie stellen Sie vor Ort auf elegante Weise den direkten Kontakt her?

- **Private Bühnen:** Welche Persönlichkeiten kennen Sie derzeit so gut, dass Sie private Einladungen erhalten? Haben Sie diese Einladungen bereits mit Gegeneinladungen erwidert? Zu welchen Persönlichkeiten wünschen Sie sich einen näheren, informelleren Kontakt – und wie lässt sich diese Annäherung möglicherweise erreichen?

- **Virtuelle Bühnen:** Wen haben Sie bereits in Ihrem virtuellen Kontaktnetz »eingefangen«? Welches Gesamtbild vermitteln Ihre Kontakte? Gibt es Persönlichkeiten, die Sie besser aus Ihrem Kontaktnetz ausschließen sollten, weil diese sich unterdessen mit problematischen (politischen) Statements hervorgetan haben?

Wie wir oben bereits gesehen haben (Abschnitt »Unicorn Branding ist ein Wirtschaftsfaktor. Kein Hobby«), ist die Definition des Zielpublikums auf der virtuellen Bühne am komplexesten. Sie sprechen nicht nur Ihre *aktuellen* Kontakte an, sondern darüber hinaus auch die von Ihnen *imaginierten* Kontakte. Nicht wenige auf Social Media aktive High Potentials lassen sich von dem Gefühl beflügeln, mit jedem Post quasi »die Welt« anzusprechen, eine riesige Zielgruppe zu inspirieren, sogar zu »empowern«. Ausgeschlossen ist ein solcher Effekt nicht, ein wenig Realismus in den sozialen Netzen ist allerdings angebracht. Immerhin sind hier Zehntausende High Potentials damit beschäftigt, auf sich aufmerksam zu machen. Das Angebot ist hier sehr, sehr viel größer als die Nachfrage. Dass in all dem Lärm das meiste untergeht, ist eine Frage der Logik.

Tatsächlich erreichen Sie statt 8 Milliarden Menschen vielleicht nur 8, gelegentlich 80 und selten 800. Zu Ihren direkten und imaginierten Kontakten kommen jedenfalls Ihre *zukünftigen* Kontakte – also solche, die von Ihnen gehört oder gelesen haben und Ihr Profil dann aktiv unter die Lupe nehmen, um Ihre Personal Brand zu prüfen und Ihnen eine Anfrage zu senden. Bestenfalls ein Jobangebot. Ob nun jeder Ihrer Posts eine signifikante Resonanz erfährt, ist erst einmal gleichgültig. Wichtig ist, dass sich jeder Post durch hohe inhaltliche Relevanz und formale Qualität auszeichnet. Denn auch, wenn Ihr Beitrag nicht aktiv »geliked« wird, so wird er doch wahrgenommen. Und alles, was von Ihnen wahrgenommen wird, trägt bei zu Ihrer Personal Brand.

Nicht zu unterschätzen ist die Möglichkeit, über Social Media gerade nicht ein Millionenpublikum anzusprechen, sondern die Beziehung zu einzelnen Kontaktpersonen gezielt zu pflegen – seien dies nun Geschäftspartner oder Headhunter, ehemalige Studienkollegen oder Journalisten. Mit persönlichen Neujahrswünschen, Glückwünschen, Empfehlungen und jeglichem Content, der aus echtem Interesse am

Gegenüber entspringt. Dies alles lässt sich auch abseits der Öffentlichkeit bewerkstelligen, per persönlicher Nachricht.

Exkurs II: Bitte kein »Overacting«

»Overacting« bezeichnet ein übertriebenes, überzogenes und zutiefst nervtötendes Schauspiel. Jeder von Ihnen kennt es von schlechten Schauspielern im Kino, im TV, auf der Theaterbühne und genauso auch im Job. Es passiert immer dann, wenn eine Persönlichkeit sich in der Kommunikation nicht auf ihr Gegenüber konzentriert, sondern vielmehr auf die eigene Wirkung. Die Folge ist, dass jeder dem anderen eine Kostprobe Industrieschauspiel zum Besten gibt. Authentischer Dialog entsteht so nicht.

Der Mensch, der Sie sind, ist mit all seinen Unzulänglichkeiten immer schon sehr viel interessanter als der beste Industrieschauspieler, der Sie je werden könnten. Und die Themen, für die Sie wirklich brennen, wirken auch dann für andere interessant, wenn Sie auf Ihren professionellen, privaten und virtuellen Bühnen einfach authentisch dafür einstehen – statt extra laut und oft auf die Hupe zu drücken. »Was uns zutiefst am Herzen liegt«, schreibt Mamet, »schmücken wir nicht aus.« (Mamet 2001, 100)

Overacting wirkt auf LinkedIn genauso deplatziert wie bei einem Business-Event. In der direkten Interaktion spüren Sie wahrscheinlich an der Resonanz, dass Sie vom rechten Kurs abgekommen sind. Auf Social Media aber wird man Sie einfach wegklicken. Worauf kommt es hier an? Was ist die richtige Dosis?

Die richtige Dosis Dynamik zu bestimmen ist eine Kunst. Was Sie in welcher Häufigkeit posten, reposten, kommentieren oder liken, muss zu den Gepflogenheiten der Plattform passen, zu den Umgangsformen Ihrer Branche und zu Ihnen selbst.

Weniger ist mehr: Auf Social Media gilt das Gleiche wie vor der Filmkamera. Posten Sie Beiträge nur, wenn diese inhaltlich für Ihr Netzwerk von Interesse sind – weil informativ, relevant, wertvoll, vielleicht exklusiv, bestenfalls inspirierend – und Ihre Haltung, Ihre Leistung und Ihr Charisma unterstreichen. Achten Sie auf eine enge Themenfokussierung, die zu Ihrer Positionierung als Professional passt. Selbst wenn Sie dann nur einen Beitrag pro Woche oder gar pro Monat leisten, ist das für Ihren Markenaufbau besser, als wenn Sie sich Ihrem Publikum als hyperaktiver Like-Junkie präsentieren, der offenbar nichts Besseres zu tun hat, als online um Aufmerksamkeit zu buhlen. Im Zweifelsfall gilt: Qualität statt Quantität.

Und echter Content statt »Senf«. Genau wie auf professionellen Konferenzen schadet es Ihrer Personenmarke, wenn Ihre Beiträge das jeweilige Thema nicht weiterentwickeln, sondern nur unterstreichen, wie smart Sie sind. Es nutzt Ihrer Marke aber durchaus, wenn Sie Beiträge anderer Autoren weiterempfehlen, dies aber versehen mit Ihrer präzisen fachlichen Einordnung oder Bewertung. Es ist der Nutzen für Ihre Zielgruppe, der Content von »Senf« unterscheidet.

Die richtige Dosis Interaktion ist ebenfalls mit Fingerspitzengefühl auszutarieren. Nicht jeder Post muss nach Interaktion schreien (»Und? Wie finden Sie den neuen TI30 LCD?«). Nicht in jedem Post müssen zahllose Personen »getagged« werden. Vor allem dann nicht, wenn Sie mit diesen Personen nicht in Verbindung stehen oder wenn diese Personen mit dem Thema Ihres Beitrags nichts zu tun haben. Taggen Sie trotzdem, sieht Ihr Verhalten aus nach »Desperately seeking to be cool ...«

Richtig dosiert kann es sinnvoll sein, in eigenen Beiträgen andere Plattform-Mitglieder via *Tagging* zu erwähnen. Zum Beispiel dann, wenn Sie sich bedanken möchten, wenn Sie etwas anerkennen, das die jeweilige Person geschrieben hat, oder wenn Sie Ihre Teilnahme an einem Event hervorheben möchten. LinkedIn rät zu diesem Thema: »Das Erwähnen oder Markieren Ihrer Verbindungen auf diese Weise kann das Engagement für Ihre Beiträge und Kommentare fördern und die Aufmerksamkeit Ihrer Verbindung auf Ihr Update lenken.« (https://www.linkedin.com/pulse/how-mention-people-posts-comments-linkedin-karen-hollenbach/) Technisch funktioniert das so: Sie geben in Ihren Text ein »@« ein und beginnen dann mit der Eingabe eines Namens in das Feld. Es wird eine Liste mit möglichen Personen angezeigt, die Sie erwähnen können, Sie wählen die richtige Person aus, fertig.

Richtig dosiert kann es ebenfalls sinnvoll sein, mit *Hashtags* zu arbeiten. Auf den Plattformen Instagram und Twitter wird intensiv mit dem Zeichen »#« gearbeitet, auf LinkedIn derzeit [noch] nicht. Die Raute vor einem bestimmten Begriff kann innerhalb eines Beitrags oder im Anschluss an einen Beitrag stehen. Im Grunde handelt es sich hier um eine Schlagwortsuche quer durch eine Plattform: Unter jedem Hashtag werden zugehörige Beiträge gesammelt und lassen sich so auch dann verfolgen, wenn man die jeweiligen Autoren nicht kennt. Beispiele für populäre Hashtags sind etwa #Aufschrei oder #leadership.

Wer mit Hashtags arbeitet, verfolgt zwei Ziele: Mit richtig gesetzten Hashtags werden eigene Beiträge zu aktuellen Themen auffindbar. Und selbst eingeführte Hashtags, die von anderen Nutzern aufgegriffen und viral verbreitet werden, bringen Aufmerksamkeit. So verführerisch es sein mag, sich in aktuelle Diskussionen einzuklinken und ein wenig Internet-Fame zu sammeln, so ist es im Hinblick auf die Pflege der eigenen Personenmarke doch zentral, immer den eigenen Fokus im Blick zu halten:

Was erzählt von der eigenen Haltung, von der eigenen Leistung, vom eigenen Charisma? Und wer, ganz konkret, ist eigentlich das eigene Zielpublikum? Halten Sie sich das vor Augen, gelingen auch der Verzicht auf vermeintlich humoristische oder politisch brisante Postings und die Auswahl relevanter Inhalte. Es gelingt auch der Aufbau eines tragfähigen Netzwerks.

FAZIT & FRAGEBOGEN TEIL 4

Marketing ist Kommunikation. Doch wer bei Kommunikation in erster Linie an Unterhaltung denkt, greift zu kurz. Die Kunst besteht darin, Ihren Markenkern mit konkreten Inhalten zu verbinden, die auf die Dimensionen Ihres Markenkerns einzahlen: Haltung, Leistung und Charisma. »Inhalt« heißt in vielen Fällen »Story«. Denn gute Geschichten – Klein gegen Groß, Alt gegen Neu, Langsam gegen Schnell – stellen Vertrauen her – und Vertrauen macht eine Marke zu einer Lovebrand. Das Stilmittel der humorvollen Wiederholung (Steve Jobs: »One more thing ...«) passt sicher nicht zu jeder Unicorn Brand, kann eine Marke aber wirkungsvoll unterstreichen und sie sympathischer wirken lassen. Hier finden Sie wieder Raum für Ihre Stichworte:

MARKENKOMMUNIKATION: Worüber spreche ich?

Erfahrungen, Erfolge, Einblicke: Welche **Inhalte** bringen meinen Markenkern auf den Punkt?

Mission, Vision, epische Schlacht: Wie kann ich meine Marke mit **Storytelling** illustrieren?

»I’ll be back«: Welche **Catchphrase** bringt meine Marke auf den Punkt?

IX.

UNICORN-NETZWERK: AUFBAU-ANLEITUNG IN FÜNF SCHRITTEN

Es ist Ihnen unmittelbar einsichtig, dass Networking im Idealfall auf dem Höhepunkt Ihrer Karriere stattfindet. Mehr als einmal haben Sie es sicherlich in Ihrem Umfeld erlebt, dass das Interesse am Kontakt zu einer Persönlichkeit in dem Augenblick in sich zusammenfällt, in dem diese Persönlichkeit über keine relevante Visitenkarte mehr verfügt.

Und mehr als einmal haben Sie es sicherlich in Ihrer eigenen Biografie erlebt, dass professionelle Kontakte sich zu privaten Freundschaften weiterentwickelt haben, wenn sie auf Basis echten Interesses am Gegenüber entstanden sind. Oder auf Basis echten Interesses an einem Thema, das Sie mit Ihrem Gegenüber in Verbindung gebracht hat. Echtes Interesse ist der Kit, der Ihr Netzwerk tragfähig macht. Aus rein strategischen oder opportunistischen Gründen gepflegte »Freundschaften« lösen sich in dem Augenblick in Luft auf, in dem Sie Ihrem Kontakt keinen Nutzen mehr bringen.

Das heißt für Sie: Bauen Sie möglichst frühzeitig und möglichst langfristig ein möglichst tragfähiges Netzwerk auf – aus echtem Interesse am anderen. Nicht aus vorauseilender Verzweiflung.

Große Karrieren gelingen nur mit dem Rückhalt eines bedeutsamen Netzwerks. Je höher Sie Ihre Ziele gesetzt haben und desto exponierter die von Ihnen angestrebte Position, desto mehr sind Sie abhängig von der Unterstützung Ihrer Community. Assig/Echter formulieren diesen Zusammenhang charmanter [Assig/Echter 2012, 130]:

»Menschen brauchen andere Menschen, um ihr Talent zur Geltung zu bringen.«

Nun stehen Sie vor einer doppelten Herausforderung: Es gilt, Ihren eigenen *Markenkern*, Ihren *Markenstil* und Ihre *Markenbühnen* herauszuarbeiten – also Ihr Personal Branding abzuschließen. Eine Tätigkeit, die Ihrem Ego Auftrieb geben mag. Im nächsten Schritt gilt es allerdings, in das Zentrum Ihres Networkings gerade nicht Ihr Ego zu stellen, sondern Ihr Netzwerk: bedeutsame andere. Ihre Karriere wird schließlich nicht davon angetrieben, wen Sie kennen, sondern davon, wer Sie kennt und im richtigen Moment an Sie denkt. Nicht jedem High Performer gelingt diese Haltungsentwicklung. Wie sieht diese Haltung konkret aus? Assig/Echter sehen die Sache so [Assig/Echter 2012, 149]:

»Community Kompetenz als Haltung zu entwickeln bedeutet, in den grundsätzlichen Modus der Dankbarkeit und Großzügigkeit wechseln.«

Menschen mit dieser Haltung, so die Autorinnen, treffen auf dankbare und großzügige Netzwerkpartner, die ihrerseits Resonanz zurückgeben. Die Kompetenz, tragfähige Netzwerke aufzubauen, ist damit eine strategisch wertvolle Kompetenz. Sie ist es, die zum nächsten Karriereschritt führt, die den nächsten Auftrag bringt, die zum nächsten Kontaktaufbau beiträgt und aufrichtiges Feedback bestärkt. Sie bestärkt auch, so Assig/Echter, »das gute Gefühl, zugehörig und geschätzt zu sein« (Assig/Echter 2012, 149 f.).

Wertschätzung, Freude, Großzügigkeit, Anerkennung: Das sind die Dimensionen, die den Autorinnen zufolge Dankbarkeit transportieren. Dankbare Menschen stehen dazu, wie sehr ihre Erfolge von anderen mitgetragen werden und wurden. Wieder pathetisch formuliert, und dennoch richtig beobachtet (Assig/Echter 2012, 165):

»Deshalb sind Dankbarkeitsrituale Zauberformeln für erfolgreiche Menschen. Sie zeugen von Intensität, Aufmerksamkeit und einem markanten persönlichen Profil. Die erfolgreichsten Menschen schreiben die persönlichsten, handgeschriebenen Dankeskarten.«

Nun fallen jedem von uns auf Anhieb etliche erfolgreicher Menschen mit hoch ausgeprägtem Ego ein, die ihren Erfolg keinesfalls jemals dem Einfluss anderer zuschreiben würden. Die dürfte es der oben genannten Einschätzung nach nun gar nicht geben – warum gibt es sie doch? Rufen Sie sich nur wenige Namen in Erinnerung: Schrempp, Middelhoff, Winterkorn und jüngst Stadler. Große Egos erreichen zwar hohe Ziele, aber ... der weitere Verlauf dieser Biografien ist Ihnen bekannt.

Lassen Sie mich Ihren Netzwerk-Aufbau nun in fünf Schritten skizzieren. Sie wissen zwar genauso wie ich, dass Sie viele dieser Schritte im Verlauf Ihrer Karriere bereits gegangen sind und dabei wahrscheinlich nicht genau diese Reihenfolge eingehalten haben. Der Übersicht wegen habe ich mich entschieden, Ihren möglichen Weg dennoch in fünf Schritten darzustellen:

1. Zielpublikum definieren

Der erste Schritt besteht in einer reinen Gedankenübung bzw. Recherche. Es geht um die Frage: Welche Persönlichkeiten sind relevant für Ihre Zielerreichung? Gemeint sind Ihre Karriere, Unternehmensgründung, höhere Bekanntheit als Experte, um nur wenige Beispiele zu nennen. Welche Persönlichkeiten sollten Sie also zur Erweiterung Ihres Netzwerks kontaktieren? Grundsätzlich sind das (Eckelt 2020, 96):

- Personen mit Einfluss in den Bereichen, die für Sie interessant sind
- Menschen, die bereits das erreicht haben, was Sie erreichen wollen
- Experten mit Insiderwissen, das für Ihre expliziten Themen erfolgsentscheidend sein könnte
- Menschen mit ähnlichen Wertvorstellungen
- Relevante Mitglieder anderer Netzwerke, die an entscheidenden Knotenpunkten sitzen

Konkret sind es Persönlichkeiten:

- aus Ihrem eigenen Unternehmen
- aus früheren Unternehmen
- in kooperierenden Unternehmen, die in der Lieferkette über oder unter Ihnen stehen
- in Start-ups
- in Forschungseinrichtungen und Universitäten
- auf allen politischen Ebenen
- in nationalen und internationalen Branchenverbänden
- in Print- und Onlinemedien
- in Literatur- und Speakeragenturen
- in Personalberatungen und Coachingagenturen
- in Stiftungen
- aus Ihren Alumni-Netzwerken
- aus Ihren familiären oder freundschaftlichen Netzwerken
- frühere Mentoren und aktuelle Mentees

Achten Sie beim Ausbau Ihres Netzwerkes darauf, dass Ihre Netzwerkpartner zu Ihrer Haltung passen. Wie heißt es so schön: »Der wichtigste Fit findet auf der Werteebene statt.« Wenn es hart auf hart kommt, helfen Ihnen Kontakte mit hoher Integrität und Verbindlichkeit mit Sicherheit mehr als Kontakte mit hoher Prominenz, Reichweite oder Coolness. Denken Sie auch an die Pflege der Kontakte Ihrer Kontakte. Wichtige Hinweise für die eigene Karriere oder das eigene Thema kommen erfahrungsgemäß gerade aus der »zweiten Reihe«.

2. Sichtbar werden

Im nächsten Schritt machen Sie sich auf Ihren Markenbühnen sichtbar, und zwar in der »echten« Welt genauso wie in der virtuellen. Ich habe Ihnen die Vielzahl der Bühnen bereits zu Beginn dieses Kapitels vorgestellt – hier noch einmal konkret:

- **Im Unternehmen:** Zeigen Sie sich in Arbeitsgruppen, starten Sie Initiativen, halten Sie Vorträge, übernehmen Sie Projekte, die Ihre Sichtbarkeit erhöhen – und sorgen Sie dafür, dass Ihr Engagement bekannt wird.

- **Außerhalb des Unternehmens:** Melden Sie sich zu Konferenzen an, besuchen Sie Messen oder Barcamps, halten Sie Vorträge, zeigen Sie sich als Teilnehmer von Podiumsdiskussionen oder als Moderator eines Events, geben oder führen Sie Interviews mit relevanten Persönlichkeiten, schreiben Sie Kolumnen, Gastbeiträge, Fachartikel oder Bücher, sprechen Sie in Podcasts – und sorgen Sie wieder dafür, dass Ihr Engagement bekannt wird.

- **Auf Social Media:** LinkedIn gilt als »Nichtschwimmerbecken für Social Media«, weil es hier um Business-Themen geht und so gut wie jeder Nutzer mit seinem Klarnamen agiert. Sinn- und respektlose Eskalationen in den Kommentarspalten oder gar Shitstorms gibt es hier (noch?) nicht. Melden Sie sich also hier an und stellen Sie ein professionelles (!) und aktuelles (!) Profilbild von sich ein. Beobachten Sie zunächst die Gepflogenheiten auf dieser Plattform. Vernetzen Sie sich mit Personen, die Ihnen tatsächlich bekannt sind und die Sie schätzen. Informieren Sie Ihre Kontakte in Ihrer E-Mail-Signatur über Ihr LinkedIn-Profil.

3. Vertrauen aufbauen

Netzwerke schaffen kein Vertrauen. Das Ursache-Wirkungs-Verhältnis verhält sich umgekehrt: Wer sich im Netzwerk Vertrauen verdient, darf mitspielen. Dieses Vertrauen entsteht, indem Sie über einen langen Zeitraum, freiwillig, honorarfrei und ohne opportunistische Hintergedanken Nutzen stiften. Nutzen für das Netzwerk, Nutzen für andere. Haben Sie sich im Netzwerk noch kein Vertrauen erwirtschaftet, können Sie nicht mit Reziprozität rechnen. Und mehr noch: Wollen Sie gleich nehmen, ohne zuvor gegeben zu haben, diskreditieren Sie sich selbst. Schlimmstenfalls erleidet Ihre Marke schon zu Beginn Totalschaden. Wie also können Sie geben?

- **Informationen teilen:** Teilen Sie hilfreiche Hintergrundanalysen, teilen Sie Ihre fachlichen Bewertungen, teilen Sie wertvolle Denkanstöße. Dies immer konstruktiv, unterstützend, wertschätzend und sachlich – wobei eine Prise Humor (nicht Sarkasmus) durchaus den Gepflogenheiten entspricht. Das Teilen von Informationen bezieht sich dezidiert nicht auf Social Media. Es zeigt Stil, wenn Sie persönlich auf ein spannendes Buch hinweisen und es Ihrem Kontakt zukommen lassen.

- **Kommentare formulieren:** Beteiligen Sie sich an der Diskussion im Nachgang zu relevanten Beiträgen. Liefern Sie relevante Zusatzinformationen oder Empfehlungen. Halten Sie sich zurück mit »Senf« (siehe oben) und plumper Eigenwerbung. Auch die »Kommentarfunktion« bezieht sich nicht nur auf die virtuelle Welt. In jedem persönlichen Gespräch kommentieren Sie zu Themen und Persönlichkeiten. Auch hier gilt: immer konstruktiv, verbindlich, diskret und höflich agieren. Wenn Sie einmal Vertrauen gewonnen haben, wenden sich Ihre Netzwerkpartner von sich aus an Sie.

- **Konkrete Hilfe leisten:** Social Media mag zunehmend großen Einfluss auf unseren Business-Alltag nehmen – dennoch lässt sich in der realen Welt noch viel bewegen. Start-ups suchen konkrete Räume, Maschinen, Investoren und Mentoren; Nachwuchskräfte und Senior High Performer suchen konkrete Herausforderungen; Projekte brauchen konkrete Unterstützung im operativen Geschäft; Verbände suchen Seminarleiter und Moderatoren, Vortragsredner und Fundraiser.

Der beste Grund, den Sie anderen Menschen geben können, viel und gut über Sie zu berichten ist, dass es wirklich etwas zu berichten gibt. Ihre konkrete, wertvolle Unterstützung ist der beste Grund.

4. Kontakte pflegen

Hin und wieder ein »Like« zu verteilen ist nicht das Gleiche wie echte Kontaktpflege. Tragfähige Netzwerke brauchen echte Begegnungen, und echte Begegnungen vertiefen das gegenseitige Vertrauen. Wie beim Coaching hängt auch beim Networking der Erfolg nicht von der gewählten Methode ab, sondern von der Kontaktqualität. Wenn Sie pro Monat fünf Stunden lang mit einem einzigen klugen Menschen an der Bar stehen, einem echten A-Kontakt, bringt Sie das Ihren Zielen unter Umständen näher, als wenn Sie pro Monat fünf Stunden lang für ein imaginäres Milliardenpublikum bloggen. Die gute Nachricht formulieren Assig/Echter so (2012, 131):

> *»Wer einmal dazu gehört, der bleibt auch in der Liga. Positionen können sich ändern, Arbeitgeber ausgetauscht werden. aber die Zugehörigkeit zur Liga*

bleibt, denn es handelt sich um stabile gepflegte und freundliche oder freundschaftliche Beziehungen.«

Kontinuierlich gezeigte Leistung, Haltung und Charisma bringen Vertrauen. Vertrauen braucht aber auch Kontaktpflege. Kommt beides zusammen, wächst die Reputation Ihrer Marke. Diese Reputation wächst durch die Resonanz in Ihrem Netzwerk und darüber hinaus – weil die Community sie weiterträgt. Real, nicht nur virtuell. Was hochrangige Persönlichkeiten verbindet, ist viel mehr als nur Likes auf LinkedIn. Es sind exklusive Unternehmungen, es sind private Einladungen und persönliche Telefonate, es ist das gemeinsame soziale Engagement und das gemeinsam erlebte Tennis-/Golf-/Fußballspiel.

Um Missverständnisse zu vermeiden: So, wie Gras nicht schneller wächst, wenn Sie daran ziehen, können Sie auch Kontakte nicht erzwingen, indem Sie den Druck verstärken. Das heißt: Bieten Sie Nutzen, teilen Sie Wissen, geben Sie Anerkennung – doch bestehen Sie nicht auf reziprokem Verhalten. Ihr Kontakt revanchiert sich, oder er revanchiert sich nicht. Es zeugt von einer kleinkrämerischen Haltung, wenn Sie hier alles mit jedem aufrechnen wollen.

Wie auch immer Sie Ihre Kontakte bereits pflegen oder in Zukunft pflegen wollen: Die tiefgründige Qualität Ihrer Beziehungen ist sehr viel relevanter als die hohe Zahl Ihrer Follower. Nach einem Bonmot Andy Warhols: »15 Minuten berühmt sein« kann via Social Media jeder – nach Dekaden im Business als hochgeschätzte Persönlichkeit zu gelten, das gelingt nur wenigen. Dazu braucht es Ausdauer.

5. Ausdauer zeigen

Der Aufbau eines persönlichen Netzwerks ist wie Marathontraining: Es bedeutet kontinuierliche Arbeit, regelmäßige Auftritte auf Ihren Bühnen, auf Dauer gestelltes Engagement im Unternehmen und außerhalb davon, regelmäßige Treffen mit Kollegen, mit Freunden, mit relevanten Branchengrößen. Genau wie im Marathon wächst die Fitness nur langsam. In meinem Buch »Second Career« hatte ich Ihnen meine Einschätzung bereits aufgeschrieben [Eckelt 2020, 93]:

»Wie tragfähig das Netz überhaupt ist, in das man (hoffentlich) jahrelang investiert hat, merkt man ohnehin erst in der Krise. Also dann, wenn es zu spät ist.«

Ein belastbares Netzwerk bauen Sie nicht in Wochen auf, sondern in Dekaden. Anders als Social-Media-Experten kolportieren, ist es meiner Einschätzung nach daher unerheblich, ob Sie jede Woche zwei Posts absetzen oder sich einige Monate lang überhaupt nicht auf den Plattformen melden. Tiefe, authentische Beziehungsqualität braucht Haltung, braucht Pflege, braucht Diskretion, aber sie braucht Social Media nicht. Breite Markenbekanntheit indes kann von Social Media profitieren. Es kommt darauf an, beides zu pflegen, und beides nicht zu verwechseln.

Ich selbst networke seit 25 Jahren sieben Tage die Woche. Eine Stunde pro Tag habe ich reserviert für das Schreiben und Beantworten von Nachrichten auf LinkedIn. Ich verabrede mich mehrmals die Woche zum Lunch und Dinner und nutze auch die Wochenenden zum Telefonieren und manchmal auch für persönliche Treffen, je nach Dringlichkeit. Während des Lockdowns habe ich beispielsweise angerufen, um einfach mal zu fragen: Wie geht es dir? Wer sich immer nur meldet, wenn er ein Anliegen hat, baut sich kein Netzwerk auf.

Erstaunlich viele Fach- oder Führungskräfte versuchen das auch gar nicht. Sie verlassen sich darauf, dass sie durch die Qualität ihrer Arbeit überzeugen. Ich sage: Wer die Qualität seiner Arbeit nicht sichtbar macht, hat diese Leistung in den Augen der (Branchen-) Öffentlichkeit gar nicht erbracht.

Branding heißt Sichtbarmachen von Leistung, Haltung, Charisma. Nur wer sich zeigt, spielt mit.

FAZIT & FRAGEBOGEN TEIL 5

Auf dem Höhepunkt Ihrer Karriere funktioniert Networking besonders mühelos und erfolgreich. Fangen Sie also am besten sofort damit an. Wichtig ist die richtige Perspektive: Es geht nicht darum, dass Sie besonders viele Persönlichkeiten kennen –, sondern es geht darum, dass die richtigen Persönlichkeiten Sie kennen und im entscheidenden Moment an Sie denken. Es geht auch nicht darum, sich opportunistisch mit jedem zu verknüpfen, der an einflussreicher Stelle sitzt, sondern es geht darum, anderen Menschen mit echter Wertschätzung, Großherzigkeit und Dankbarkeit zu begegnen. Es geht darum, in Interaktion zu gehen und damit die Grundlage für Resonanz und Reziprozität zu legen.

Belastbare Beziehungen zeichnen sich durch eine tiefe, gemeinsame Verbindung auf der Werteebene aus. Dabei ist es unwesentlich, ob Sie diese Verbindung via Briefpost, Telefongespräch oder LinkedIn pflegen – wichtig ist, *dass* Sie diese Verbindung überhaupt pflegen. Um LinkedIn kommen Sie allerdings immer weniger herum. Wichtig zu wissen: Networking ist immer Langstrecke. Denken Sie nicht in Klicks, sondern in Dekaden.

ZIELPUBLIKUM: Wen spreche ich an?

Freunde, Familie, Kollegen: Wer ist mein **aktuelles** Publikum?

....

....

....

....

Kunden, Geschäftspartner, Mitbewerber: Wer ist mein **erwünschtes** Publikum?

Headhunter, Influencer, Journalisten: Wer soll mein **zukünftiges** Zielpublikum sein?

X.

UNICORN BRANDING GUIDE

Ob ein Modell taugt, zeigt sich in der Praxis. Im Sinne des Bonmots »Practice what you preach« gehe ich an dieser Stelle einen vielleicht ungewöhnlichen Schritt: Ich mache für Sie mein eigenes Personal Branding publik. Dies als Einladung für Sie, eine solche Personenmarke auch für sich selbst zu entwerfen. Vor allem aber als Motivation, die Arbeit an der eigenen Marke mit einer gewissen Nonchalance voranzutreiben. Wie gesagt: Es geht nicht darum, sich selbst zur Cola-Dose zu machen. Ihr Ziel besteht vielmehr darin, sich in Zukunft mit mehr Klarheit und Sicherheit, mit mehr Gelassenheit und Freude auf den diversen Bühnen Ihres Lebens zu zeigen – und von Ihrer Sichtbarkeit in jeder Hinsicht zu profitieren.

DIE MARKE ECKELT

An vielen Stellen in diesem Buch habe ich bereits Hinweise auf meine eigene Marke gegeben. Ich versuche an dieser Stelle, das Bild zu vervollständigen. Dazu müssen Sie wissen, dass ich seit 25 Jahren mit der Gründung meines ersten Unternehmens auch meine eigene Marke begründet habe. Seitdem verstehe ich alle meine Aktivitäten als Mosaiksteine, die diese Marke immer weiter vervollständigen. Dabei folge ich einem von Warren Buffets zentralen Glaubenssätzen: *»It takes 20 years to build a reputation and five minutes to ruin it. If you think about that, you'll do things differently.«* Seit Social Media hat sich die Lage verschärft: Die Arbeit an der eigenen Marke dauert heute ein Leben lang und es braucht nur fünf Sekunden, um sie zu zerstören. Hier also eine Annäherung an »die Marke Eckelt«.

EXEMPLARISCHER FRAGEBOGEN ECKELT

1. LEISTUNG: Was biete ich?

Mein Markenmantra oder meine **Leistung** in einem Satz.

In aller Kürze: High Performance!

Differenzierter gedacht, kommt es auf den einzelnen Kunden an. Variiert von »Ich finde für Sie treffsicher den richtigen Kandidaten« über »Ich bin Ihr Coach zu Ihrer zweiten Karriere« und »Ich mache Ihre Reputation in meinem Netzwerk sichtbar« bis hin zu »Als Branchenkenner biete ich Austausch auf Augenhöhe« und »Ich positioniere Ihr Unternehmen mit einer spannenden Employer Brand im genau richtigen Umfeld.«

Batman, Yoda, Wizard: Meine **Rolle** in meiner Markenstory.

Die meisten meiner Kunden schätzen mich wohl als »Netzwerker« – auch wenn es für diese Rolle keine klassische Superheldenfigur gibt.

Fakten, Reden, Awards: Meine **Performance** in meinem Netzwerk.

Meine Performance besteht darin, anderen High Performern diverse Bühnen zu öffnen und deren Leistung zum Thema zu machen.

2. HALTUNG: Für welche Werte stehe ich?

Innovation, Integrität, Präzision: Meine wichtigsten **Werte**.

Erfolg, Freiheit, Exklusivität, vor allem aber Diskretion

Titel, Thesen, Temperamente: Meine **Empfehlungen** für mein Netzwerk.

Vor allem via LinkedIn: Hinweise auf Branchenentwicklungen, große Persönlichkeiten und übergeordnete Themen wie Diversity, New Work oder Haltung.

Charity, Kultur, Umwelt: Mein markenrelevantes **Engagement**.

Förderung von Nachwuchstalenten im direkten Austausch mit Universitäten

3. CHARISMA: Womit wirke ich?

Mütze, Familie, Baum: **Symbole** für mein Charisma.

Anzug & Pullover, Porsche & Smart und, wie schon im Vorwort gesagt: Prada

& Pommes – das ist die eine, die gelebte Seite. Zentral in meiner medialen Markenkommunikation ist mein Familienwappen, das ich als Unternehmenswappen einsetze. Es steht für die Werte »Tradition« und »Souveränität«.

Mut, Charme, Humor: Auf welchen **Eigenschaften** gründet sich mein Charisma.

Selbstbild: Ich bin direkt und geradeaus und scheue mich nicht, auch unangenehme Wahrheiten auszusprechen. Ich polarisiere, habe »Ecken und Kanten« und bin sicher nicht Everybody's Darling. Ich bin authentisch, bodenständig und ohne Starallüren – Stichwort Ruhrpott –, parkettsicher auf allen sozialen Ebenen und schaffe damit Zugang und Vertrauen. Viele von Ihnen sehen in mir einen »Kumpel der Bosse« und sagen mir einen exquisiten Geschmack nach – und damit sind wir beim Fremdbild, zu dem Sie mehr sagen können als ich.

Surfen, Laufen, Kochen: Welche **Leidenschaften** passen zu meiner Marke.

Rennsport & Design, Motorrad & Rock Classics

4. MARKENSTIL: Wie stelle ich mich dar?

Brille, Haare, Lippenstift: Was macht mein **Gesicht** zur Marke.

Ich mache Ihr Gesicht zur Marke – nicht meins.

Kragen, Rolli, Uhr: Welcher **Kleidungsstil** passt zu meiner Marke.

Heute ausschließlich dunkelblauer Anzug oder Pullover, immer mechanische Uhr.

Lächeln, Zeigen, Zwinkern: Meine **nonverbalen Markenzeichen**.

Wenn es auf Diskretion ankommt: Pokerface.

5. MARKENAUFTRITT: Wo zeige ich mich?

Meeting, Dinner, Podium: Welche **professionellen Bühnen** sind für meine Marke relevant.

Print- und Onlinemagazin »Top Company Guide«, Event »Eckelt Consultants Business Talk«, Vorträge z. B. an Universitäten, Fachbücher und Fachartikel.

LinkedIn, XING, Twitter: Welche **virtuellen Bühnen** passen zu meiner Unicorn Brand.

Eigene Webseite (www.top-company-guide.com). LinkedIn.

Kamin, Grill, Boot: Wie bespiele ich meine **privaten Bühnen**.

Diese Information bleibt privat ... Nur so viel: Etliche CEOs und Topführungskräfte besuchen mich aktuell auf der Baustelle meines neuen Hauses zum vertraulichen Austausch in rustikaler Umgebung – bei Bier und Pizza aus dem Karton.

6. MARKENKOMMUNIKATION: Worüber spreche ich?

Erfahrungen, Erfolge, Einblicke: Welche **Inhalte** bringen meinen Markenkern auf den Punkt.

Interviews, Probefahrten und Reisen mit High Performern

Mission, Vision, epische Schlacht: Wie kann ich meine Marke mit **Storytelling** illustrieren.

Ich berichte von Beispielen aus meiner Praxis auf meinen virtuellen Bühnen, aber auch in meinen Büchern.

»I'll be back«: Welche **Catchphrase** bringt meine Marke auf den Punkt.

Excellence in Executive Consulting

7. ZIELPUBLIKUM: Wen spreche ich an?

Wer ist mein **aktuelles, mein erwünschtes und zukünftiges** Publikum.

Ein »zukünftiges« Publikum spreche ich in der Regel nicht an – ich konzentriere mich auf mein aktuelles und gewünschtes Publikum. Dieses umfasst im Management die erste und zweite Führungsebene (C-Level), außerdem (Senior) High Performer, Beiräte und Aufsichtsräte, (vereinzelt) High Potentials, Persönlichkeiten aus Politik und Gesellschaft und Meinungsbildner.

UNICORN-BRANDING-FRAGEBOGEN

Jetzt sind Sie dran. Wichtig: Betrachten Sie Ihr Ergebnis immer als Momentaufnahme. Sie entwickeln sich kontinuierlich weiter, die Kunden und Märkte verändern sich fortlaufend – und so sollten Sie auch Ihre Marke immer wieder neu justieren.

1. LEISTUNG: Was biete ich?

Mein Markenmantra oder meine **Leistung** in einem Satz?

....

....

....

Batman, Yoda, Wizard: Meine **Rolle** in meiner Markenstory?

....

....

....

Fakten, Reden, Awards: Meine **Performance** in meinem Netzwerk?

....

2. HALTUNG: Für welche Werte stehe ich?

Innovation, Integrität, Präzision: Meine wichtigsten **Werte**?

Titel, Thesen, Temperamente: Meine **Empfehlungen** für mein Netzwerk?

Charity, Kultur, Umwelt: Mein markenrelevantes **Engagement**?

3. CHARISMA: Womit wirke ich?

Mütze, Familie, Baum: **Symbole** für mein Charisma?

Mut, Charme, Humor: Auf welchen **Eigenschaften** gründet sich mein Charisma?

Surfen, Laufen, Kochen: Welche **Leidenschaften** passen zu meiner Marke?

4. MARKENSTIL: Wie stelle ich mich dar?

Brille, Haare, Lippenstift: Was macht mein **Gesicht** zur Marke?

Kragen, Rolli, Uhr: Welcher **Kleidungsstil** passt zu meiner Marke?

Lächeln, Zeigen, Zwinkern: Meine **nonverbalen Markenzeichen**?

5. MARKENAUFTRITT: Wo zeige ich mich?

Meeting, Dinner, Podium: Welche **professionellen Bühnen** sind für meine Marke relevant?

LinkedIn, XING, Twitter: Welche **virtuellen Bühnen** passen zu meiner Unicorn Brand?

Kamin, Grill, Boot: Wie bespiele ich meine **privaten Bühnen**?

6. MARKENKOMMUNIKATION: Worüber spreche ich?

Erfahrungen, Erfolge, Einblicke: Welche **Inhalte** bringen meinen Markenkern auf den Punkt?

Mission, Vision, epische Schlacht: Wie kann ich meine Marke mit **Storytelling** illustrieren?

»I'll be back«: Welche **Catchphrase** bringt meine Marke auf den Punkt?

7. ZIELPUBLIKUM: Wen spreche ich an?

Freunde, Familie, Kollegen: Wer ist mein **aktuelles** Publikum?

Kunden, Geschäftspartner, Mitbewerber: Wer ist mein **erwünschtes** Publikum?

....

....

....

Headhunter, Influencer, Journalisten: Wer soll mein **zukünftiges** Zielpublikum sein?

....

....

....

XI.

RISIKEN UND NEBEN-WIRKUNGEN

Fürchteten prominente CEOs in den 1990ern noch, von den großen Blättern in Grund und Boden geschrieben zu werden, sind Sie heute permanent nur einen Klick vom nächsten Social Media Shitstorm entfernt. Vom medialen Fehltritt bis zum Verlust von Job, Netzwerkkontakten und Reputation ist es nicht weit. Und je bekannter Ihre Personen-Marke ist, desto schneller gerät sie unter Beschuss. Was ist zu tun?

Nebenwirkungen sind normal

Bei Ihrer Karriere, in Ihrer Persönlichkeit und in Ihrer Personenmarke kann jede Veränderung zu einem Kollateralschaden führen. Eidenschink bringt dieses Problem realistisch auf den Punkt, wenn er schreibt [Eidenschink 2016]:

> *»Beim Erarbeiten von Konzepten und Produkten gilt es demnach im Blick zu behalten, dass Beratung nie nur Gutes bewirkt, man das daher auch nicht versprechen sollte. Es gilt hingegen, achtsam und offen für das Nicht-Intendierte zu bleiben. Management ist immer auch Management der unerwünschten Nebenfolgen von Entscheidungen, Beratung ist immer auch Beratung dessen, was überraschenderweise im Beratungsprozess an neuen Problemen entsteht.«*

Kommen wir also zu den Risiken und Nebenwirkungen Ihres Personal Brandings. Diese entstehen auf drei verschiedenen Feldern:

- Emotionale Kosten
- Organisationale Fallstricke
- Branding-Risiken

Emotionale Kosten

Es klingt paradox, doch unsere hoch modernen Aktivitäten auf Social Media scheinen eng verbunden zu sein mit den ältesten Bereichen unseres Gehirns: mit dem Belohnungszentrum und mit den Bereichen, in denen Angst verarbeitet wird. Das mag der Grund sein für die geradezu **rauschhaften Zustände**, in die manch ein Social-Media-Novize mit jedem Posting gerät. Wohl jeder von uns hat bei sich selbst oder anderen beobachtet, wie unter hohem Puls und Adrenalin getwittert und minütlich beobachtet wird, wer welchen Tweet kommentiert oder weiterleitet, wie sich das auf die Zahl der eigenen Follower auswirkt und ob der Weltruhm schon vor der Tür steht.

Doch das Spiel mit der Öffentlichkeit ist ein Spiel mit dem Feuer. Mehr als einmal konnte man auf Twitter erleben, wie ein einziger, unbedachter Post eine ganze Karriere zerstört hat. Und mehr als einmal haben wir auch erlebt, wie die überstürzte Äußerung eines CEO massive Kursrutsche auslöste. Stichwort Elon Musk.

Es ist der Wunsch nach öffentlicher Aufmerksamkeit, nach öffentlicher Anerkennung oder sogar ein wenig Fame, der CEOs dazu verleitet, sehr viel Zeit auf Social Media zu verbringen und im ungünstigsten Fall ohne Sinn und Verstand alles zu posten, was sich irgendwie anbietet. Ganz gleich, ob dies der eigenen Marke nützt oder sie sogar demontiert.

Ich verfolge regelmäßig auf diversen Plattformen, wie sich Führungskräfte, freie Unternehmensberater oder Speaker in geradezu bösartig geführte Gefechte mit konkurrierenden Persönlichkeiten verstricken. Das ist schlechter Stil. Hier kann außerdem schnell sehr viel außer Kontrolle geraten – und sehr viel Geld kosten. Denn eine beschädigte Marke kostet Geld. Und online verbreiteter Unfug vergrault sowohl bestehende als auch potenzielle Kunden.

Wahrscheinlich betrifft Sie das nicht. Doch habe ich mehr als einmal beobachtet, wie sich Persönlichkeiten im besten Alter dem **Phantasma ihrer Jugendlichkeit** hingaben und sich sparsam bekleidet auf dem Surfbrett, im Yoga-Studio oder auf der Sonnenliege inszenierten. Es steht Ihnen natürlich frei, sich in knapper Badebekleidung auf Instagram zu zeigen. Sex sells. Doch mit 56? Wirklich? Wie gesagt, es steht Ihnen frei. Wundern Sie sich aber bitte nicht über süffisante Kommentare. Wenn Sie es tun, dann lassen Sie es bitte nicht das Einzige sein, was Sie für Ihre Marke tun – und denken Sie an die markenrelevante Trias Leistung, Haltung, Charisma. Sexyness steht nicht in dieser Reihe.

Verwandt mit diesem **Fallstrick** ist der über Social-Media-Inszenierungen befeuerte Wunsch nach **Perfektion**. Dieses Perfektionsstreben kann sich auf alles beziehen: den Wunsch nach dem perfekten Homeoffice, dem perfekten Auto, dem perfekten Urlaub und dem perfekten Äußeren. Tony Tolathimutte hat dies in einem Beitrag für den »New Yorker« so treffend in Worte gefasst, dass ich Ihnen die Passage im Original vorstelle (Tolathimutte 2013):

> *»That's why once you create a Personal Brand, everything you do is branding. In other words, you must collapse your personal and professional life into static, pixel-perfect unity. It's not just that you have to field work e-mails at home or invite coworkers to your cocktail parties; it's that your entire personal life now factors into your employability. Your livelihood increasingly depends on being likeable and well-documented, and just like a branded product, your basic worth is assessed by the WOW-ness of its image.«*

Es ist wenig erstaunlich, dass seit dem Aufschwung der Homeoffice-Arbeit im Coronajahr 2020 auch die Zahl der Schönheitsoperationen drastisch zugenommen hat. Nasen, Doppelkinne, Haaransätze – alles wird optimiert. Dabei macht Perfektion eine Personal Brand nicht zwingend spannender, schlimmstenfalls in ihrer Glattheit sogar uninteressanter. Auf eine sehr persönliche Weise vollkommen unperfekt zu sein, kann auf der Bühne ausgesprochen attraktiv wirken. Oder, wie Tijen Onaran es formuliert (Onaran 2020, 79):

> *»Du musst nicht perfekt sein, um umwerfend zu sein.«*

Kurz: Personal Branding auf Social Media kann zu erheblichen Ausschüttungen von Stresshormonen führen. Das ist der *thrill* der öffentlichen Rede. Für erfolgreiches Personal Branding brauchen Sie allerdings einen ruhigen Puls, strategisches Handeln und ein dickes Fell gegenüber den Anwürfen anderer und genauso gegenüber der eigenen Nicht-Perfektion.

Organisatorische Fallstricke

Der Aufbau einer Personal Brand auf Social Media kann erhebliche **Zeitressourcen** verschlingen. Agenturen für Medienberatung berichten deshalb gerne, wie Social-Media-Aktivitäten von Führungskräften völlig außer Kontrolle geraten, dass soziale Netzwerke wie Drogen wirkten und ohne Hilfe von außen praktisch nicht sinnvoll zu dosieren seien. Argumentiert wird dann entweder für eine enge Beratung des jeweiligen CEO oder für das Outsourcing jeglicher Social-Media-Aktivitäten – natürlich an die werbende Agentur.

Hier lauert der nächste Fallstrick. Übernehmen externe Berater die Entwicklung einer Personenmarke und kennen sich diese Berater in Ihrer Branche nicht aus, kommt es entweder zu glatten und unauthentischen Ergebnissen, die Ihnen keinen USP innerhalb der Branche verschaffen. Oder es kommt zu einer völlig branchen-untypischen Ansprache Ihrer Zielgruppe, die Ihr Netzwerk eher verstört oder amüsiert als inspiriert. Branchenspezifisches Personenmarketing braucht ein spezielles Wissen, ein spezielles Wording und eine strategische Ausrichtung auf Ihre Leistung, Ihre Haltung und Ihr Charisma. Was nutzen Ihnen die ausgefuchstesten SEO-optimierten Textbeiträge einer beliebigen Beratungsagentur, mit denen Sie zwar via Google auffindbar werden, sich aber gegenüber Ihrem Netzwerk lächerlich machen? Sie brauchen einen ganzheitlichen Ansatz, der die erfolgskritischen Perspektiven für Ihr Personal Branding integrativ verbindet.

Ich möchte an dieser Stelle nicht sagen, dass Sie sich in Sachen Social Media keine Hilfe holen sollten. Im Gegenteil: Kein hochrangiger CEO wird Stunden damit verbringen, Postings zu formulieren. Diese Inhalte kommen von engen Mitarbeitern. Das ist der Punkt. Sie kommen nicht von Billigagenturen, sie kommen nicht von an einem Wochenende brandneu zum »Personal Branding Consultant« umgeschulten Glücksrittern und erst recht nicht von KI-gesteuerten Bloggeneratoren, die es neuerdings zur Marktreife gebracht haben.

Social-Media-Berater weisen außerdem gerne auf die Vorteile der **»Messbarkeit«** hin, wenn es um Ihren Erfolg auf diversen Plattformen geht: Anzahl neuer Kunden, Anzahl von Press Opportunities, Anzahl neuer Investoren, Artikel in Medien, Anfragen für Eventauftritte als

Speaker – all dies wird direkt zurückgeführt auf Social-Media-Aktivitäten. Nur: Ist es wirklich so? Spielen nicht Ihre Aktivitäten außerhalb der Netzwerke eine mindestens so große Rolle für Ihren Erfolg, wenn nicht eine noch größere Rolle?

Ich meine: Es kann nicht darum gehen, von morgens bis abends bestimmten **Kennzahlen hinterherzujagen:** Klicks, Likes, Follower. Es geht vielmehr darum, klar herauszuarbeiten, wo die Pain Points und Probleme, wo die Wünsche und Sehnsüchte Ihrer Kunden liegen, wie Sie ihnen Nutzen bringen können und mehr noch: Wie Sie aus flüchtigen Geschäftskontakten langfristige und tiefe Verbindungen schaffen können und auf dieser Grundlage ein Netzwerk, das Sie auch im Krisenfall nicht durch die Maschen fallen lässt.

Noch einmal, weil es so wichtig ist: Eine große Follower-Zahl gilt vielen als großer Erfolg. Dabei bringen massenhafte Kontakte erst einmal gar nichts. Sie brauchen Klasse statt Masse. Im Zweifelsfall haben Sie mehr davon, wenn Sie sich mit wenigen, dafür aber mit den genau richtigen Personen vernetzten, die Sie genau zu dem Ziel bringen, das Sie sich vorgenommen haben. Dazu zwei treffende Zitate:

»Beim Personal Branding geht es nicht ums Zählen, sondern ums Erzählen.« (Onaran 2020, 75)

»Ihr Maßstab sind nicht Tausende von Klicks und Likes. Sie messen sich an authentischeren, tragfähigeren Beziehungen zu Kunden, Mitarbeitern und Meinungsführern.« (Zeitler 2020, 134)

Ihre **Kontaktliste** ist für Ihre Profilbesucher übrigens eines der wichtigsten Aushängeschilder. Je mehr relevante High Performer Sie in Ihrer Kontaktliste versammelt haben, desto größer wirkt Ihr Leistungsversprechen und desto höher die Kompetenzerwartung Ihrer Profilbesucher. Das bedeutet, logisch weitergedacht: Lehnen Sie unseriöse Kontaktanfragen ab. Und löschen Sie konsequent solche Kontakte, die Ihrer Reputation schaden. Das heißt zwar: weniger Follower. Aber es heißt auch: weniger Trolle.

Branding-Risiken

Der Aufbau einer Personenmarke dauert lang, ihre Zerstörung geht schnell. Dazu noch einmal Tony Tolathimutte (Tolathimutte 2013).

> *»Every time you fail, you dent your brand slightly. Enough failures – enough contradictions of your promise – and you'll wreck your brand. People will start to assume that your promise is a lie and that you're a phony. Then you're sunk. Mayday.«*

Um welche »fails« geht es hier? Personal-Branding-Berater stellen den »Shitstorm« häufig als die größte Gefahr im Personal Branding dar. Als Beispiel wird dann gerne Elon Musk angeführt, dessen Tweets gelegentlich Aktienwerte vernichten. Aber auch Siemens-Chef Joe Kæser, der kürzlich in die Schusslinie von Klimaaktivisten geraten war. Diese hatten ihm vorgehalten, einerseits Nachhaltigkeit zu predigen, andererseits aber Kohleminen zu bauen. In der Tat scheint es sinnvoll, als Personal Brand nicht Wasser zu predigen und Wein zu trinken.

Doch frage ich mich, ob der zum Angstthema schlechthin stilisierte Shitstorm tatsächlich ein Ereignis ist, mit dem sich Senior High Performer so intensiv beschäftigen müssen. Eine viel größere Gefahr als der Shitstorm stellt meines Erachtens die mangelnde Qualität Ihres Contents auf Ihren Bühnen dar. Sie brauchen sich auf den typischen Plattformen nur die durchschnittlichen Selbstinszenierungen zahlloser Mittelmanager oder Berater anzuschauen. Toxisch wirken vor allem:

- Egozentrik und Prinzipienlosigkeit
- gähnende Langeweile und Humorlosigkeit
- schlechtes Deutsch und schlechtes Englisch
- mangelnde Inspiration und schlechte Argumentation
- und mangelnde Konsequenz in der Markenumsetzung

Kurz: Ein gefährlicherer Markenkiller als der Shitstorm ist meiner Einschätzung nach **mangelnde Branding-Professionalität**, was Leistung, was Haltung und was Charisma und deren Darstellung betrifft.

Ein weiteres Branding-Risiko nenne ich den »Tattoo-Effekt«. Ist Ihr Markenkern überzeugend definiert, wirkt Ihr Markenstil attraktiv und sind Ihre Inszenierungen auf Ihren Marken-Bühnen erfolgreich, entwickelt Ihre Unicorn Brand eine enorme Strahlkraft. Exakt das ist intendiert, führt aber zu neuen Herausforderungen. Nicht selten nämlich gehen High Performer auf dem Höhepunkt ihres Erfolgs der eigenen Markeninszenierung auf den Leim. Sie glauben, mit ihrer ganzen Persönlichkeit nichts anderes mehr zu sein als das, was ihre Marke abbildet. Damit kehrt sich der Markeneffekt um: Statt den Geschäftserfolg zu beflügeln, wird die Personenmarke zur Kugel am Fuß, die sowohl persönliche als auch professionelle Entwicklung ausbremst.

Ich sage: Die Inszenierung einer Brand ist eine Sache, die Entwicklung der Persönlichkeit eines Menschen ist eine ganz andere. Deshalb ist es notwendig, immer wieder Abstand von der eigenen Personenmarke zu nehmen und – am besten mit Unterstützung von außen – zu überprüfen, inwiefern diese noch stimmig ist. Stimmig in Bezug auf die eigene Persönlichkeitsentwicklung, die eigene Biografie (um nicht zu sagen: das Alter!) und die berufliche Positionierung.

Dazu kommt: Wirtschaftliche, technische, gesellschaftliche und politische Entwicklungen überstürzen sich in immer kürzeren Intervallen. Das Unternehmen, das heute noch Ihr wichtigster Kunde ist, mag morgen schon vom Markt verschwunden sein; das Produkt, mit dem Sie den größten Umsatz machen, mag morgen schon irrelevant sein, und der Markt, auf den Sie die größte Hoffnung gesetzt haben, durch politische Weichenstellungen plötzlich verschlossen.

Es bleibt Ihnen nichts anderes übrig, als Ihre Markenpositionierung immer wieder anzupassen. Je überzeugender Ihre Marke auf den Bühnen Ihres Business positioniert war, desto herausfordernder kann dieses Rebranding werden – denn die einmal kommunizierten Markenattribute haften an Ihnen wie alte Tattoos.

An dieser Stelle steht Personal Branding vor den gleichen Herausforderungen wie Product Branding. Auch Produktmarken müssen immer wieder reflektiert, von innen und außen neu bewertet, neu erfunden und neu positioniert werden. Das macht Personal Branding nicht nur zu einer permanenten, mit Risiken behafteten Herausforderung, sondern auch zu einer permanenten Entwicklungs- und Wachstumschance.

Einer Chance, von der Sie wissen, dass Sie ihr gewachsen sind. Blick zurück: In welcher Position haben Sie im Alter von 20, mit 30 oder 40 Jahren gearbeitet? Wie sind Sie damals aufgetreten? Wie heute? Das zeigt unmittelbar: Sie waren schon immer eine Marke. Sie haben diese Marke immer wieder neu erfunden. Sie haben das Potenzial dieser Marke vielleicht nur nie wirklich überzeugend auf den Punkt gebracht und so für Ihren persönlichen Erfolg genutzt. Höchste Zeit, das jetzt zu tun.

FAZIT

1. Je bekannter eine Unicorn Brand, desto schneller gerät sie unter Beschuss. Diesem Risiko waren große Personenmarken schon immer ausgesetzt.

2. Aktivität auf Social Media kann mit hohen emotionalen Kosten einhergehen. Dagegen hilft strategisches Handeln und Coolness (siehe Christian Drosten: »Ich habe Besseres zu tun.«).

3. Social Media kann auch zu hohen organisatorischen Kosten führen. Dagegen helfen ganzheitliches Brandmanagement und ein klarer Fokus auf Klasse (relevante Kontakte) statt Masse (viele Kontakte).

4. Die größte Gefahr für Unicorn Brands ist nicht der Shitstorm, sondern minderwertige Inhalte und inkonsequente Markenführung.

5. Besonders erfolgreiche Unicorn Brands können sich einer Persönlichkeit so nachhaltig aufprägen, dass eine berufliche Umorientierung mit einem kompletten Re-Branding verbunden werden muss.

XII.

PERSONAL BRAND COACHING

Seit vielen Jahren beobachte ich die Wirkung erfolgreicher Personal Brands – internationale Topmanager, meine Klienten, meine eigene Brand –, und heute bin ich überzeugt: Als Senior High Performer müssen Sie wohl oder übel Branding betreiben, wenn Sie in der zweiten Lebenshälfte etwas anderes tun möchten als in batteriebetriebenen Caddys über Golfplätze zu zuckeln.

Viele von Ihnen haben durchaus das Potenzial zu einer erfolgreichen Personal Brand, schrecken aber davor zurück. Unicorn? Das scheint dann doch zu bunt. Die gute Nachricht: Eine Personal Brand muss nicht bunt sein, um gut zu sein. Sie muss präzise konzeptioniert sein.

Es braucht den Blick von außen

Die Erfahrung zeigt, dass sich diese Präzision nur erreichen lässt, wenn Sie Selbst- und Fremdbild aufeinander beziehen. Das können Sie im privaten Kreis bewerkstelligen oder mit Hilfe eines Buchs versuchen. Am weitesten kommen Sie erfahrungsgemäß mit professioneller Unterstützung von außen. Der Grund ist klar: Ihr Geist wird wach, wenn Sie mit Menschen sprechen. Menschen, die sich nicht scheuen, Sie mit unangenehmen Wahrheiten zu konfrontieren. Schön ist das oftmals nicht, aber hilfreich. Wie ich in meinen Coachings vorgehe, warum ich in Stil und Inhalt von den gängigen Methoden abweiche und zu welchen Erfolgen dies führt, habe ich Ihnen in meinen früheren Publikationen bereits vorgestellt (»Second Career« Kapitel III; »High Performance« Kapitel IV).

Ihren Markenkern, Ihren Markenstil und Ihre Markenbühnen können Sie gemeinsam mit mir in einem Coaching herausarbeiten. Hier ist auch der Ort, an dem an Ihrer Netzwerkoptimierung gefeilt und nach Shitstorms aufgeräumt werden kann. Ich unterstütze Sie als Kandidat im Sinne eines Newplacement-Coachings, als C-Level Manager bei der Vorbereitung spezieller Management- oder Führungssituationen wie zum Beispiel Aufsichtsratssitzungen oder bei der Vorbereitung auf den nächsten Karriereschritt. Ich biete überdies Career Counseling und Executive Advisory mit einer offeneren Perspektive an. Wie auch immer Sie sich entscheiden:

In allen genannten Fällen bedarf es eines externen Beraters, den nicht nur Expertise in den Themen Branding und Kommunikation auszeichnet, sondern der auch Ihre Branche kennt mit ihren Praktiken, ungeschriebenen Gesetzen und Unternehmenskulturen, und der auch mit den Chancen und Fallstricken des Personal- und Karrieremanagements vertraut ist.

Ein solcher Coach unterstützt Sie dabei, einen klaren Fokus auf ihre Personenmarke zu entwickeln. Er sieht im Idealfall klarer als Sie selbst, was Ihren Markenkern ausmacht, was Ihr Markenstil sein könnte und welche Markenbühnen für Sie in Betracht kommen. Es ist und bleibt aber Ihre Marke. Ihr Unicorn auf die Bühne zu bringen, bleibt Ihre Sache.

Finden. Nicht erfinden.

Was viele nicht wissen: Ein wirklich guter Coach findet nichts, was nicht schon vorher da war. Er *erfindet* Ihre Marke nicht für Sie. Er *findet* gemeinsam mit Ihnen. Er unterstützt Sie dabei, genau das auf den Punkt zu bringen, was ist. Und darüber hinaus den Potenzialen Perspektiven zu öffnen, die Sie bisher vielleicht übersehen hatten. Oder gar versteckt.

In vielen Fällen wird ein Coach im Laufe des Coachings seine Rolle verändern. Vielleicht wandelt er sich von einem distanzierten, externen Berater zu einem »professionellen Freund«. Professioneller Abstand muss dennoch immer gewahrt bleiben. Denn sobald es zu einer persönlichen Verbindung kommt, schwindet die Bereitschaft, möglicherweise falsche Selbsteinschätzungen eines Coachees hart zu kommentieren.

Diese Bereitschaft schwindet bei Eckelt typischerweise nicht. Coaching bei mir im Hause zeichnet sich gerade dadurch aus, dass es eben nicht immer angenehm zugeht. Ich setze auf folgende drei Faktoren:

- **Provokation:** Meiner Erfahrung nach schafft Provokation Realitätsbezug. Provokation löst Illusionen auf und macht verdeckte Potenziale sichtbar.

- **Reflexion:** Es ist nicht leicht Rückschläge zu verarbeiten, existenzielle Sinnfragen zu klären und neue Freiheiten auszuloten. Die Fragen »Wer bin ich?« und »Wer möchte ich sein?« sind niemals leicht – und dass diese Fragen im Personal Branding auf den Tisch kommen, lässt sich nicht vermeiden. Neue Perspektiven lassen sich am besten im gemeinsamen Gespräch entdecken, in der gemeinsamen Reflexion. Ist das Verständnis dessen gelungen, was Sie wirklich antreibt, ausmacht oder ausbremst, werden Veränderungen leicht.

- **Transition:** Die Konzeption einer Unicorn Brand kann eine sehr erfüllende Tätigkeit sein – letztendlich muss es aber darum gehen, Entscheidungen zu treffen und ins Handeln zu kommen.

Ausgangspunkt eines Coachings in meinem Hause ist niemals die Frage danach, was ein Unternehmen sucht. Es ist auch nicht die Frage danach, was der Markt sucht oder was eine Unicorn Brand besonders bunt macht. Ausgangspunkt sind einzig und allein Sie. Ihre Persönlichkeit. Ihre Möglichkeiten. Ihre Ziele.

Es geht um Ihr Lebenswerk

In einem Coaching in meinem Hause geht es immer um die von Ihnen selbst, aus freien Stücken gesetzten und für Sie sinnvollen Ziele. Diese Ziele geben die Richtung vor. Wenn sich im Laufe des Coachings überraschend weitere Perspektiven öffnen, wenn sich vorstellbare Optionen plötzlich vervielfachen – umso besser.

Meiner Erfahrung nach profitiert die gemeinsame Suche nach Perspektiven von Offenheit. Denn die größte Zufriedenheit stellt sich gerade nicht zwingend dann ein, wenn ein Senior High Performer an einer bestimmten »Spitze« angekommen ist. Sondern vielmehr dann, wenn er seine Marke gefunden hat und damit eine ganz neue Stimmigkeit. Wenn er also sagen kann:

»Für diese Themen stehe ich mit meinem Namen, auf allen meinen Bühnen und mit allem, was ich tue. Für diese Themen engagiere ich mich voll

und ganz, hier zeige ich Leistung, Haltung, Charisma – das ist mein persönliches Lebenswerk.«

Es ist mir bewusst, dass ich mit »Unicorn Branding« wieder einen Beratungsansatz verfolge, der in dieser Form nirgendwo praktiziert, gelehrt und auch nirgendwo mit einem Zertifikat versehen wird. Ich habe wieder gute Gründe für diesen Sonderweg, und der Erfolg Ihrer Personal Brands zeigt mir auch hier wieder, dass ich mit dieser Methode so falsch nicht liegen kann.

Um damit auf den Anfang zurückzukommen: Heiße Luft in Prada-Tüten reicht für ein Personal Branding nicht und heißer Duft aus Pommestüten auch nicht. Eine starke Personenmarke lebt von Leistung, von Haltung, von Charisma. Eine starke Personenmarke zeigt sich mit einem besonderen Stil auf ausgewählten Bühnen. Eine Unicorn Brand macht Sie sichtbar, bringt Ihnen wertvolle Optionen in einem enger werdenden Markt, führt Sie erfolgreich zu Ihren Zielen. Also: Trauen Sie sich.

Und behalten Sie trotzdem ein Bonmot von David Mamet im Hinterkopf, das ich für Sie abgewandelt habe:

»Auf der Bühne steht kein Einhorn. Auf der Bühne stehen Sie. Mit allem, was Sie sind.«

Und das ist gut so.

FAZIT

1. Die besten Unicorn Brands sind nicht besonders bunt, sondern besonders präzise.

2. Eine besonders klare Perspektive auf Ihre eigene Brand erschließt sich Ihnen dann, wenn Sie Ihr Selbstbild gemeinsam mit einem neutralen Gegenüber reflektieren.

3. Unicorn Branding findet niemals im luftleeren Raum statt. Ihre Brand muss anschlussfähig sein an Ihr soziales und kulturelles Umfeld: Ihr Unternehmen, Ihre Branche, Ihre Region. Das ist der Grund, warum Sie als professionelle Unterstützung einen Experten mit Mehrfachexpertise wählen sollten: Branding- plus Branchenwissen.

4. Ein professioneller Branding-Coach zeichnet sich dadurch aus, dass er Ihre Marke gemeinsam mit Ihnen entwickelt – statt für Sie.

5. Besonders erfolgreich verläuft ein Coaching-Prozess dann, wenn Sie offen sind für neue Perspektiven. Neue Perspektiven auf sich selbst und auf das, was Sie einmal Ihr Lebenswerk nennen möchten.

LITERATUR

A

Achermann, Barbara: Severin Schwan. Er klingt so nett. In: Zeit.de vom 06. Juli 2020. Online: https://www.zeit.de/2020/28/severin-schwan-roche-image-corona-krise-tests-pharmabranche?utm_referrer=https%3A%2F%2Fwww.google.com%2F

Assig, Dorothea; Echter, Dorothee: Amibition. Wie große Karrieren gelingen. Frankfurt/Main: Campus 2012

Athanas, Christoph: Recruiting in der Coronakrise. Eine Studie zu Krisenreaktionen und Auswirkungen auf die Personalgewinnung von stellenanzeigen.de und der meta HR Unternehmensberatung. Berlin / München 2020

B

Baldini, Andrea: Sprezzatura, Good Taste, and Socrates' Dirty Toga. In: Philosophersmag.com vom 03. März 2018. Online: https://www.philosophersmag.com/essays/181-sprezzatura-good-taste-and-socrates-dirty-toga

Bovermann, Philipp: Teslas Kommunikation. Elon Musk ist eine One-Man-Show. Teslas Kommunikation. In: Sueddeutsche.de vom 20. Oktober 2020. Online: https://www.sueddeutsche.de/medien/tesla-elon-musk-populismus-trump-pr-unternehmenskommunikation-oeffentlichkeitsarbeit-1.5079979

Braatz, Dennis; Wichert, Silke: Mode und Instagram: Die neue Oberkörperoffensive. In: Sueddeutsche.de vom 21. Januar 2018. Online: https://www.sueddeutsche.de/stil/mode-und-instagram-die-neue-oberkoerperoffensive-1.3828924-0

Brug, Manuel: Krieg der Klänge, Interview mit Filmkomponist John Williams. In: Welt am Sonntag 10/2021, 7. März 2021, 45

Bunea, Emilia: »Grace Under Pressure«: How CEOs Use Serious Leisure to Cope With the Demands of Their Job. Frontiers in Psychology 11 (2020): 1453. doi: 10.3389/fpsyg.2020.01453

Bunea, Emilia; Khapova, Svetlana N.; Lysova, Evgenia I.: Führungsqualitäten. Out of Office. In: Manager-magazin.de vom 29. Juli 2020. Online: https://www.manager-magazin.de/harvard/selbstmanagement/fuehrungsqualitaeten-warum-manager-sich-hobbys-zulegen-sollten-a-00000000-0002-0001-0000-000163347279

C

Caine, Michael: Weniger ist mehr. Kleines Handbuch für Filmschauspieler. Berlin: Alexander Verlag 2020

Cakebread, Caroline; Hartmans, Avery: The expensive, rare, and stylish sunglasses worn by Silicon Valley's top tech execs. In: Businessinsider.com vom 20. August 2017. Online: https://www.businessinsider.com/sunglasses-worn-by-tech-execs-photos-2017-8?r=DE&IR=T

Chesterfield, Earl of: Über die Kunst, ein Gentleman zu sein. München: Manesse 2019

Cordes, Olaf: Sind Sie noch ganz echt? Mut zur Authentizität. Vachendorf: Nova 2018

D

Desjardins, Jeff: The 10 biggest unicorns in the world – mapped. In: Weforum.org vom 14. Mai 2019. Online: https://www.weforum.org/agenda/2019/05/visualizing-the-unicorn-landscape-in-2019/

Dpa: Bundestag: Guttenberg sieht sich als Wirecard-Opfer. In: Sueddeutsche.de vom 17. Dezember 2020. Online: https://www.sueddeutsche.de/politik/bundestag-guttenberg-sieht-sich-als-wirecard-opfer-dpa.urn-newsml-dpa-com-20090101-201217-99-735054

Dpa: VDA-Statistik: Deutscher Automarkt dieses Jahr um ein Fünftel geschrumpft. In: Wiwo.de vom 03. Dezember 2020. Online: https://www.wiwo.de/unternehmen/industrie/vda-statistik-deutscher-automarkt-dieses-jahr-um-ein-fuenftel-geschrumpft/26683380.html

E

Eckelt, Wolfgang K.: Die CEO Unicorns kommen: Warum Sie sich jetzt zur Marke machen sollten. In: Top Company Guide 2021, 17. Jg., 90-93.

Eckelt, Wolfgang K.: Second Career. 21 Perspektiven für Senior High Performer. So gelingt der erfolgreiche Neustart in die zweite Karriere. Stuttgart: Eckelt Consultants 2020

Eckelt, Wolfgang K.: High Performance. Die geheimen Karriere-Strategien für den Weg an die Spitze. Frankfurt/Main: Frankfurter Allgemeine Buch 2017

Eckelt, Wolfgang K.: Kandidaten lesen. Mit dem Headhunter-Schlüssel zur treffsicheren Personalauswahl. Wiesbaden: SpringerGabler 2016/2017

Ehrhardt, Amira: Studie: Über Managerinnen wird anders berichtet als [über] männliche Chefs. »Rabenmutter« oder »Kämpferin« — Mit diesen Stereotypen haben Topmanagerinnen wie Tina Müller und Janina Kugel zu kämpfen. In: Businessinsider.de vom 12. März 2020. Online: https://www.businessinsider.de/wirtschaft/klischees-berichterstattung-topmanagerinnen

Eidenschink, Klaus: Menschen sind nicht fälschungssicher. Serie »Wie verändern sich Menschen?« Teil 1/10. Online: https://metatheorie-der-veraenderung.info/2020/02/20/teil-1-zu-psychischer-veraenderung/

Eidenschink, Klaus: Vom Schaden der Selbstverbesserung. Serie »Wie verändern sich Menschen?« Teil 5/10. Online: https://metatheorie-der-veraenderung.info/2020/02/21/teil-5-zu-psychischer-veraenderung/

Eidenschink, Klaus: Zehn praktische Prinzipien für das »Umsetzen« der Metatheorie der Veränderung in »Praxis« oder – Ohne die Freiheit, zu wählen, nutzen alle Möglichkeiten der Welt nichts. Upload 2016. Online: https://metatheorie-der-veraenderung.info/wp-content/uploads/2016/05/Grundsaetze-des-Praxistransfers.pdf

Eisenegger, Mark; Konieczny-Wössner, Esther: Regularitäten personalisierter Reputationskonstitution in der medienvermittelten Kommunikation. In: Eisenegger, Mark; Wehmeier, Stefan (Hg.): Personalisierung der Organisationskommunikation. Theoretische Zugänge, Empirie und Praxis. Wiesbaden: VS Verlag 2010, 117-131

Esch, Franz-Rudolf: Strategie und Technik der Markenführung, 6. Aufl., München: Verlag Franz Vahlen, 2010

F

Frank, Arno: Ehepaar Schröder auf Instagram. Bodenheizungswarme Bedeutungslosigkeit. In: Spiegel.de vom 24. Oktober 2020. Online: https://www.spiegel.de/kultur/ehepaar-schroeder-auf-instagram-palliatives-nirgendwo-a-6b76a116-fae4-494d-8459-085ff9a18d2a

G

Gillies, Constantin: Die prominentesten Vorstandschefs bauen die schwersten Pleiten. In: Welt.de vom 25. Juli 2002. Online: https://www.welt.de/print-welt/article402013/Die-prominentesten-Vorstandschefs-bauen-die-schwersten-Pleiten.html

Greisinger, Manfred: Die ICH-Marke. Das Original. So wecken – und leben – Sie Ihren inneren Guru. Allensteig: Edition Stoareich 1999

H

Hägler, Max: Herbert Diess: »Die Faust geballt«. In: Sueddeutsche.de vom 04. Januar 2021. Online: https://www.sueddeutsche.de/wirtschaft/herbert-diess-die-faust-geballt-1.5164935

Hergert, Paol: Von Auerhahnjagden, Hippie-Shirts und dem Uli-Hoeneß-Rauswurf: Das bewegte Leben des Trigema-Chefs Wolfgang Grupp. In: Businessinsider.de vom 09. April 2021. Online: https://www.businessinsider.de/wirtschaft/von-auerhahnjagden-hippie-shirts-und-dem-uli-hoeness-rauswurf-das-bewegte-leben-des-trigema-chefs-wolfgang-grupp-r1/

I

Imhof, Kurt: Rationalitätsverlust durch die Intimisierung des Öffentlichen in den Massenmedien. In: Psychotherapie & Sozialwissenschaft 2011, 13(1), 79-98, hier Seite 94 f.

J

Jacobson, Jenna (2020): »You are a brand: social media managers' personal branding and »the future audience«, Journal of Product & Brand Management, Vol. 29 No. 6, 715-727. https://doi.org/10.1108/JPBM-03-2019-2299

Jga: Personalberater Kienbaum: »Für Berufseinsteiger weht ein anderer Wind«. In: n-tv.de vom 14. Juli 2020. Online: https://www.n-tv.de/wirtschaft/Fuer-Berufseinsteiger-weht-ein-anderer-Wind-article21909653.html

Jun, Sunghee and Yi, Jisu (2020): What makes followers loyal? The role of influencer interactivity in building influencer brand equity. In: Journal of Product & Brand Management, Vol. 29 No. 6, 803-814. https://doi.org/10.1108/JPBM-02-2019-2280

K

Kapidzic, Sanja (2018): Personal Branding on Social Media. Predictors of Self-Presentation and Relationship Management of German Academics, Baden-Baden: Nomos Verlagsgesellschaft 2010

Keller, Kevin Lane: Brand Mantras: Rationale, Criteria and Examples, Journal of Marketing Management, 15:1-3, 43-51, 1999, DOI: 10.1362/026725799784870513

Kindelan, Katie: Twitter CEOs onstage uniform of beanie, hooded sweatshirt prompts women to call a double standard foul. In: Goodmorningamerica.com vom 17. April 2019. Online: https://www.goodmorningamerica.com/living/story/twitter-ceos-onstage-uniform-beanie-hooded-sweatshirt-prompts-62461514

KRC Research; Weber Shandwick: The CEO Reputation Premium: Gaining Advantage in the Engagement Era. In: Webershandwick.com vom 05. März 2015. Online: https://www.webershandwick.com/news/the-ceo-reputation-premium-a-new-era-of-engagement/

KRC Research; Weber Shandwick: The State of Corporate Reputation in 2020: Everything Matters Now. In: Webershandwick.com vom 14. Januar 2020. Online: https://www.webershandwick.com/news/corporate-reputation-2020-everything-matters-now/

Kuchenbecker, Tanja: Fusion mit Fiat Chrysler: Das zeichnet den Peugeot-Chef Carlos Tavares aus. In: Handelsblatt.com vom 19. Dezember 2019. Online: https://www.handelsblatt.com/unternehmen/industrie/fusion-mit-fiat-chrysler-das-zeichnet-den-peugeot-chef-carlos-tavares-aus-/25351092.html?ticket=ST-26407778-pzomqk76v90USLwu0ZKF-ap6

L

Lee, Aileen: Welcome To The Unicorn Club: Learning From Billion-Dollar Startups. In: Techcrunch.com vom 02. November 2013. Online: https://techcrunch.com/2013/11/02/welcome-to-the-unicorn-club/?guccounter=1&guce_referrer=aHR0cHM6Ly93d3cuZ29vZ2xlLmNvbS8&guce_referrer_sig=AQAAAA49wbEmtd031k9Ior_SD2muXU3FPLe0CARrdjq-VTeaFU0UwchN-pbXuB-cEI5SSVACs0r_2rlWXkWLhE9HSswFL54mLslCswvIR-jmLYVNJBp5b5czoDYhpf55LfiAC18MMkS7NFHLRAbBQMan7if28ss-b9Kjqs7qvLJBzvfPwVJ

M

Mamet, David: Richtig und Falsch: Kleines Ketzerbrevier samt Common sense für Schauspieler. Berlin: Alexander Verlag 1997

Matzig, Gerhard: Elektronische Ausstrahlung. In: Sport und Gitarrensolo im Wohnzimmer, Konzerte im Stream: Ideen, die uns bleiben. In: Sueddeutsche.de vom 04. Januar 2021. Online: https://www.sueddeutsche.de/kultur/corona-2020-ideen-globalisierung-gitarre-zeitgeist-1.5162974

Meindl, James R.; Ehrlich, Sanford B.: The romance of leadership and the evaluation of organizational performance. In: Academy of Management Journal, 30(1), 1987, 91–109. https://doi.org/10.2307/255897

Miller, Donald: Building A Story Brand: Clarify Your Message So Customers Will Listen. Use the 7 Elements of Great Storytelling to Grow Your Business. New York: Harper Collins Leadership 2017

Möthe, Alexander: »Jeder kann aus sich selbst heraus zur Marke werden – authentisch und echt.« In: Handelsblatt.com vom 03. Oktober 2019. Online: https://www.handelsblatt.com/arts_und_style/literatur/interview-zum-personal-branding-jeder-kann-aus-sich-selbst-heraus-zur-marke-werden-authentisch-und-echt/25069360.html?ticket=ST-754125-MVjXQlsMowkbXdV7PMS9-ap2

Moulard, Julie G.; Raggio, Randle D.; Folse, Judith Anne G.: Disentangling the meanings of brand authenticity: The entity-referent correspondence framework of authenticity. Journal of the Academy of Marketing Science, Issue 1/2021. https://doi.org/10.1007/s11747-020-00735-1

N

Nessmann, Karl: Kommunikationsmanagement für Personen. Beratungsmodelle, Konzepte und theoretische Sichtweisen. In: Eisenegger, Mark; Wehmeier, Stefan (Hg.): Personalisierung der Organisationskommunikation. Theoretische Zugänge, Empirie und Praxis. Wiesbaden: VS Verlag 2010, 255-270

O

o. A.: Interview mit Prof. Dr. Karsten Kilian. In: Marktforschung.de vom 08. April 2013. Online: https://www.marktforschung.de/dossiers/themendossiers/marke-und-markenfuehrung/dossier/interview-mit-prof-dr-karsten-kilian-markenlexikoncom/

o. A.: Moscot-Brillen: Dicke Rahmen für berühmte Brillenträger. In: Manager-magazin.de vom 27. Januar 2020. Online: https://www.manager-magazin.de/fotostrecke/moscot-brillen-dicke-rahmen-fuer-beruehmte-brillentraeger-fotostrecke-172208.html

Onaran, Tijen: Nur wer sichtbar ist, findet auch statt. München: Goldmann 2020

Ottovordemgentschenfelde, Svenja: »Organizational, professional, personal«: An exploratory study of political journalists and their hybrid brand on Twitter. Journalism. 2017; 18(1):64-80. doi:10.1177/1464884916657524

R

Reckwitz, Andreas: Die Gesellschaft der Singularitäten. Zum Strukturwandel der Moderne. Berlin: Suhrkamp 2017

Reinhard, Rebekka: Schön! Schön sein, schön scheinen, schön leben – eine philosophische Gebrauchsanweisung. München: Ludwig Verlag 2013

Rührmair, Christof: Nach 40 Jahren Siemens. Joe Kæser zieht ein letztes Mal Bilanz. In: n-tv.de vom 11. November 2020. Online: https://www.n-tv.de/wirtschaft/Joe-Kaeser-zieht-ein-letztes-Mal-Bilanz-article22162744.html

S

Salemme, Nadia: An ode to Joe Biden's Aviator sunglasses. In: Vogue.com vom 16. Dezember 2020. Online: https://www.vogue.com.au/fashion/trends/an-ode-to-joe-bidens-aviator-sunglasses/news-story/17901e044513449a2ebe6e4e5fdbb1d3

Sandhu, Swaran; Zielmann, Sarah: CEO-Kommunikation. Die Kommunikation des Top-Managements aus Sicht der Kommunikationsverantwortlichen in deutschen Unternehmen. In: Eisenegger, Mark; Wehmeier, Stefan (Hrsg.): Personalisierung der Organisationskommuniation. Theoretische Zugänge, Empirie und Praxis. Wiesbaden: VS Verlag 2010, 211-232

Scharnigg, Max: Ladies & Gentlemen. Mützen für Männer: Lob der Ersatzfrisur. In: Sueddeutsche.de vom 02. Januar 2016. Online: https://www.sueddeutsche.de/stil/ladies-gentleman-wintermuetzen-blockfloetengesicht-trifft-kissen-to-go-1.2801563-2

Schneiker, Andrea: Telling the Story of the Superhero and the Anti-Politician as President: Donald Trump's Branding on Twitter. In: Political Studies Review, 17, 2018, 210-223

Schulz, Benjamin (Hg.): Das große Personal-Branding-Handbuch. Strategie – Marketing – Vertrieb – Text – Foto – Visualisierung & Design – Image & Wirkung – Rhetorik – Körpersprache. Frankfurt / New York: Campus 2020

Seidl, Corinna; Beutelmeyer, Werner: Die Marke Ich. So entwickeln Sie Ihre persönliche Erfolgsstrategie, Wien: Wirtschaftsverlag Carl Ueberreuter 1999

Sieben, Christian: »Frag' doch Dr. Z!«: Warum der Daimler-Chef in den USA Kult ist. In: rp-online.de vom 01. August 2006. Online: https://rp-online.de/wirtschaft/unternehmen/warum-der-daimler-chef-in-den-usa-kult-ist_aid-17334319

Smyth, Lisa: Only the best CEOs do these after-hours activities. In: theceomagazine.com vom 08. Juni 2020. Online: https://www.theceomagazine.com/business/health-wellbeing/ceo-hobby/

Spall, Christopher; Schmidt, Holger J.: Personal Branding. Was Menschen zu starken Marken macht. Wiesbaden: SpringerGabler 2019

T

Taillon, Brian J.; Mueller, Steven M., Kowalczyk, Christine M.; Jones, Daniel N.: Understanding the relationships between social media influencers and their followers: the moderating role of closeness. In: Journal of Product & Brand Management, Vol. 29 No. 6, 767-782. https://doi.org/10.1108/JPBM-03-2019-2292

tf: Telekom-Chef Tim Höttges hielt nie viel vom Homeoffice – hier erzählt er, wie es jetzt ist, CEO von zu Hause aus zu sein. In: Businessinsider.de vom 31. März 2020. Online: https://www.businessinsider.de/leben/telekom-chef-tim-hoettges-hielt-nie-viel-vom-home-office-hier-erzaehlt-er-wie-es-jetzt-ist-ceo-von-zu-hause-aus-zu-sein/

Tolathimutte, Tony: You Are What You Tweet. In: Newyorker.com vom 03. September 2013. https://www.newyorker.com/business/currency/you-are-what-you-tweet

U

Ullrich, Wolfgang: Habenwollen. Wie funktioniert die Konsumkultur? Frankfurt/Main: Fischer 2012

V

Verra, Stefan: Körpersprache von Politikern. »Die Merkel-Raute ist ein Auslaufmodell«. In: Cicero.de vom 16. März 2019. Online: https://www.cicero.de/kultur/merkel-raute-donald-trump-koerpersprache-politiker

Vinken, Barbara: Angezogen. Das Geheimnis der Mode. Stutgart: Klett-Cotta 2013

W

Wala, Hermann H.: Ich, endlich einzigartig. Authentisch. Persönlich. Echt. Wie du zur Marke wirst und im Gedächtnis bleibst. München: Redline Verlag 2018

Waller, Talaya: Personal Brand Management. Marketing Human Value. Berlin Springer 2020

Weber, Max: Wirtschaft und Gesellschaft. Grundriß der verstehenden Soziologie. 5. Aufl. Tübingen 1972, hier: Kap. III, 1 §2

Werner, Kathrin: Nahaufnahme: »Ich liebe den Sieg«. In: Sueddeutsche.de vom 21. Mai 2019. Online: https://www.sueddeutsche.de/wirtschaft/nahaufnahme-ich-liebe-den-sieg-1.4456439

Werner, Kathrin; Wendel, Thomas: Deutsche Telekom. John Legere – der schrägste Manager der Welt hört auf. In: Capital.de vom 18. November 2019. Online: https://www.capital.de/wirtschaft-politik/john-legere-der-schraegste-manager-der-welt

Wiechowski, Natalia: Personal Branding mit LinkedIn. Die Think Natalia-Methode. o. O. 2020

Z

Zayats, Marina: Digital Personal Branding. Über den Mut, sichtbar zu sein. Ein Guide für Menschen und Unternehmen, Wiesbaden: SpringerGabler 2020

Zeitler, Oxana: Lead the Future – Shape your Brand. Personal Branding für CEOs, Topmanager und Business Leader. Freiburg: Haufe-Lexware 2020

Ziesemer, Bernd: Kolumne. Zu viel Geplapper über Purpose. In: Capital.de vom 21. Dezember 2020. Online: https://www.capital.de/wirtschaft-politik/zu-viel-geplapper-ueber-purpose

Zschäpitz, Holger: Ex-SAP-Chef: Dumm gelaufen – wie Bill McDermott das 16-Milliarden-Euro-Pech ereilte. In: Welt.de vom 24. Oktober 2019. Online: https://www.welt.de/finanzen/article202396554/Bill-McDermott-Wie-der-Ex-SAP-Chef-zum-Boersenschreck-wurde.html

ÜBER DEN AUTOR

Wolfgang K. Eckelt präsentiert mit »Unicorn Branding« sein viertes Buch zum Thema Management-Karriere. Nachdem es in »Second Career« um den Neustart in der Lebensmitte ging, in »Kandidaten lesen« um die richtige Auswahl von Bewerbern und in »High Performance« um wirksame Karrierestrategien für den Weg an die Spitze, richtet der erfahrene Top-Headhunter und Executive Coach seinen Fokus nun auf eine Herausforderung, die für High Performer immer drängender wird: die eigene Personenmarke sichtbar machen.

Was zeichnet eine erfolgreiche Personenmarke aus? Als Wolfgang K. Eckelt eine umfangreiche Recherche zu dieser Frage startete, zeigte sich schnell: Kein einziges Personal-Branding-Fachbuch lieferte passende Antworten für die Zielgruppe der Executives, Business Leader und High Performer. Der Personal-Branding-Guide, der die reale Business-Welt in den Blick nimmt – statt nur Social Media.

Das hier vorliegende Konzept gründet auf den Erfahrungen und Erkenntnissen, die Wolfgang K. Eckelt in Hunderten von Coachings und Fachgesprächen mit relevanten Playern der wichtigsten Branchen Deutschlands gewonnen hat. Sein Know-how setzt der Autor um in ein Branding-Modell, das drei einfache Faktoren in den Mittelpunkt stellt: Leistung, Haltung, Charisma. Auf Basis dieser Faktoren entsteht eine starke und seriöse Personenmarke, die Executives sichtbar macht und ihnen wertvolle Optionen in einem enger werdenden Markt bringt und sie erfolgreich zu ihren Zielen führt.

Eine solche Konzeption entwickelt Wolfgang K. Eckelt mit seinem neuen und ganzheitlichen Ansatz [die Leadership Branding Formel für Manager und High Performer] – wie immer faktenbasiert, praxisnah und exakt zugeschnitten auf die individuellen Herausforderungen seiner Leserinnen und Leser.

www.eckelt-consultants.com
www.top-company-guide.com

Wolfgang K. Eckelt
Kandidaten lesen
TOP TITEL
RECRUITING
Mit dem Headhunter-Schlüssel zur treffsicheren Personalauswahl
2. Auflage
Springer Gabler

DIE PLATTFORM FÜR CORPORATE / PERSONAL BRANDING ONLINE + PRINTAUSGABE

Online-Plattform: www.top-company-guide.com
Printausgabe Bezug über Amazon
Magazin (Paperback) · 19,80 Euro · ISBN 978-3-9820-5825-2

Eckelt Consultants GmbH · Rosengartenstraße 18 · 70184 Stuttgart · Germany
T +49 (0)711/3416929-0 · info@eckelt-consultants.com · www.eckelt-consultants.com